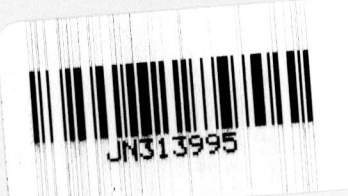

川原・海辺・山の石ころ採集ポイントがわかる

日本の石ころ標本箱

高知県足摺岬の花崗岩のまん丸い石ころ

はじめに　標本箱の石ころを川原と海辺で探そう

「この本で紹介した石ころを、それぞれの川原や海岸に出かけ探してみよう！」これが本書の大きなねらいである。

川原や海岸でひろった石ころの正体は何かと、岩石図鑑で調べたことがあるだろう。ところが、昆虫図鑑や植物図鑑のようにはいかない。同定は至難のわざである。石ころは、その多くがみがかれ丸みを帯びているため、正体が見えにくくなっている。岩石図鑑の標本は、いわゆる石ころではない。それぞれの岩石の特徴が見られるように割って新鮮な面を出して撮影されたものだ。だから、採集した「石ころ」を、「岩石」図鑑で照らし合わせて同定することは難しい。

それならば、この本で紹介した「石ころ」を、それぞれの川原や海辺に出かけて探すという方法はどうだろうか。フィールドの川原や海辺にころがっている石ころを図鑑とするのだ。思いのほか簡単に同じような石ころを見つけることができる。標本箱の石ころと同じ仲間の石ころを、川原や海辺で発見したときのうれしさは計り知れない。自然に近づけた喜びにひたれる。

この本の石ころ標本には、肉眼での判定により名前をつけてある。厳密には、「この石ころは花崗岩である」と言い切るには問題がある。本来ならば、岩石にはどのような鉱物がどのように組み合わ

石ころひろいでは、どうしても欲張りになりがち。気になった石ころを集め、ならべてみよう。そして、冷静になって持ち帰りたい石ころを選ぼう。

されているか偏光顕微鏡を使って確認して岩石名をつけなければならないからだ。本書では「この川原や海辺に行けば、この石ころに会える」ということが大きなねらいなので、この精密な作業をはぶいた。

この本で紹介した石ころを現場で見つけたら、もっと深く石ころの正体を知りたくなるだろう。そのような気持ちになったらしめたもの。この瞬間、あなたは自然科学者の領域に一歩近づいたことになる。博物館や資料館に出かけて尋ねよう。 何 がわからないかつかんでいるので、漠然と尋ねていたそれまでよりも説明内容を理解できるはずだ。好奇心は偉大である。

以前に、『川原の石ころ図鑑』『海辺の石ころ図鑑』（どちらもポプラ社）という石ころ標本集を出した。そのあと、『石ころ採集ウォーキングガイド』（誠文堂新光社）という、石ころ採集地の川原や海辺にピンポイントで訪れるためのガイド書も出した。そして今回は、さらに新しく日本各地の採集地点での石ころ標本集と採集地ガイドをかねた『日本の石ころ標本箱』をまとめた。地形図を多く使ったのは、石ころ標本採集で現場を歩くうえで地形図を読み解く力がものをいうからである。石ころ採集には、地形図は重要な「道具」である。

さあ、本書で紹介された石ころを、川原や海辺へ出かけて探そう！

↑手元に置いておく石ころには、採集地を記す。写真の「ANDEN OGA 05 AK」は、「秋田県男鹿半島安田海岸で採集したNo.5」の石ころのこと。私の場合、採集年月日は、別の石ころ台帳に記している。要は、どこの川原か海岸か、採集場所がわかればよい。

石ころの標本箱。いつでも見られるようにしておくと、楽しみが持続する。

もくじ

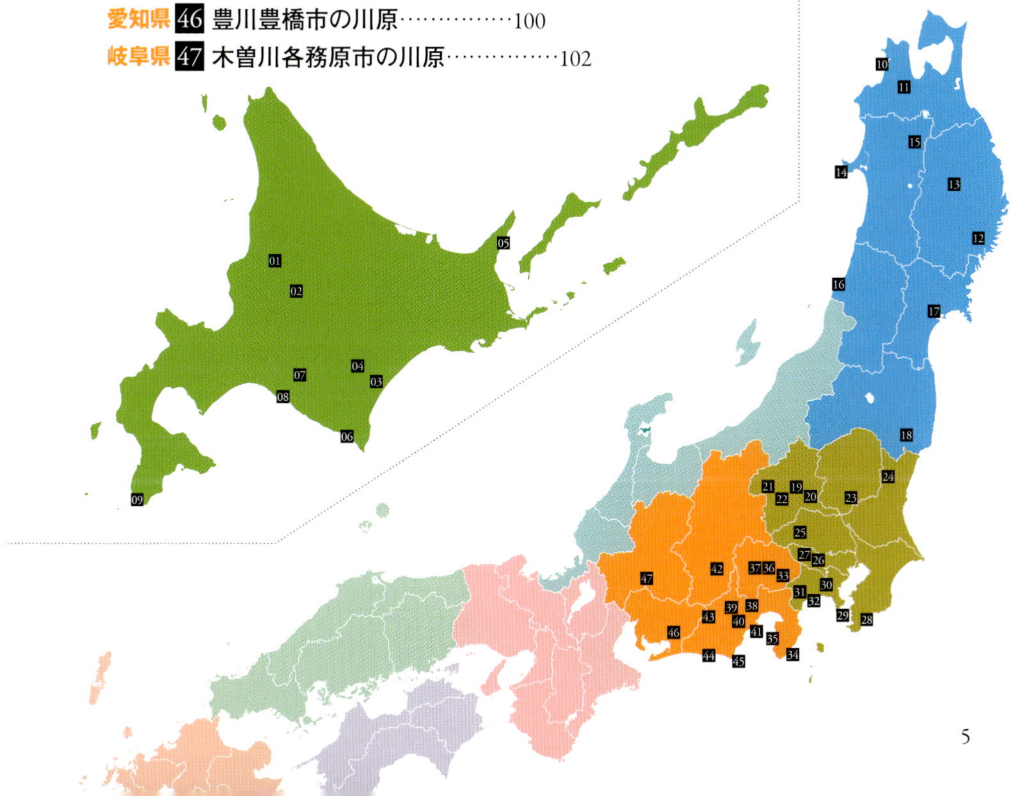
10
11
15
14
13
12
16
17
18
05
01
02
04
07
03
08
06
09
24
21
19
20
22
23
25
27
26
47
42
37
36
33
30
31
32
29
28
39
38
43
40
41
35
46
44
45
34

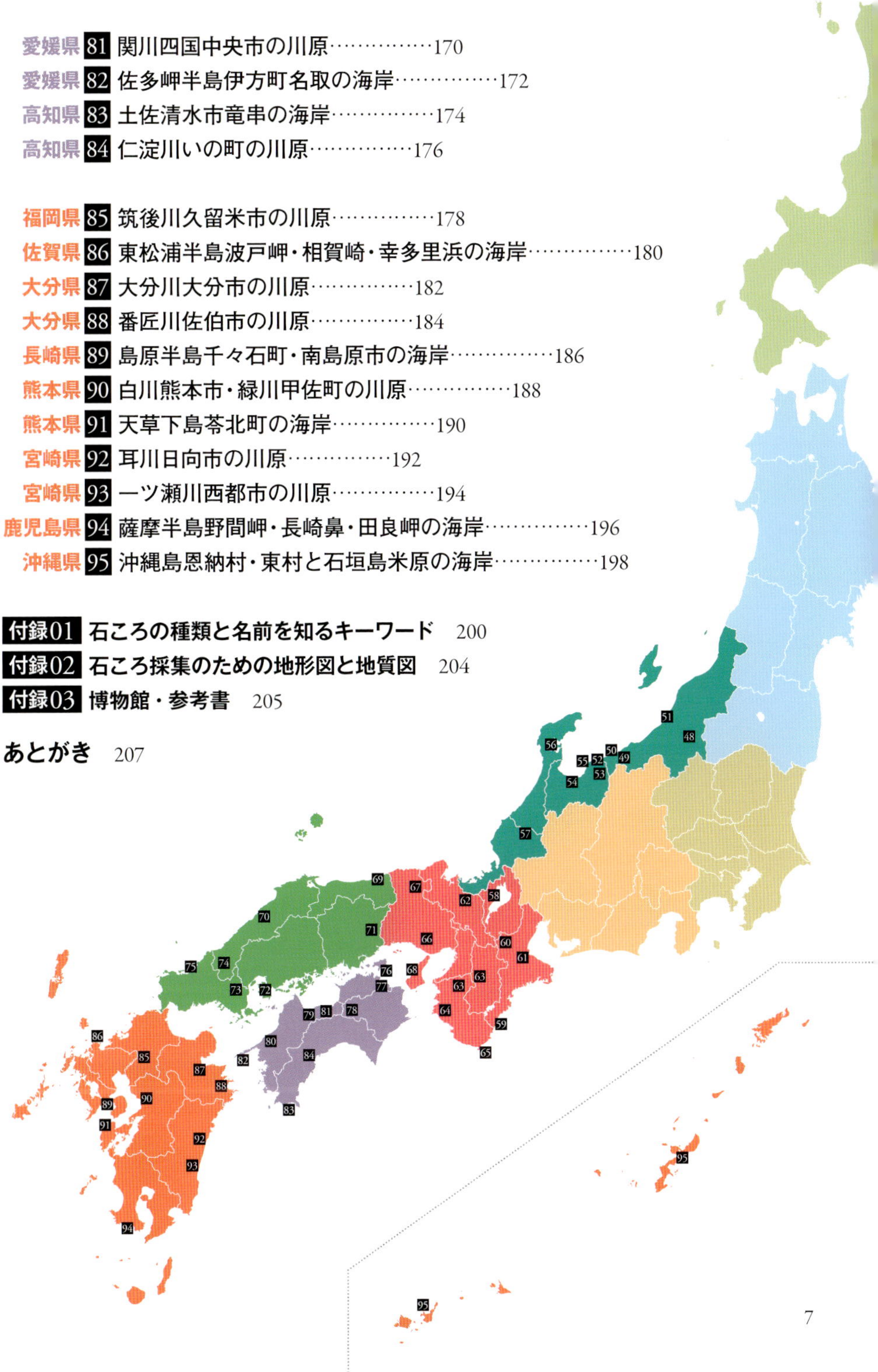
51
48
56
55
52
50
49
53
54
57
69
67
62
58
70
71
66
60
61
75
74
76
68
63
73
72
77
79
81
78
64
59
86
80
85
82
84
65
87
88
89
90
91
92
93
83
95
94
95

必携 石ころ採集グッズ

石ころ採集用の特別な装いはない。ハイキングに出かけるスタイルで十分。日陰のない川原や海辺を歩くので、**つばのある帽子**と**長袖のシャツ**は欠かせない。これが基本。

波打ち際を歩き、小さな流れを渡ったりするので、**バードウォッチング用のブーツ**は、歩きやすく頼りになる。石ころ採集スタイルとしてもかっこいい。

もうひとつある。**滑り止付き軍手**だ。石ころを素手で握るのは危険。角ばった石ころを握って、手のひらを切ることがある。岩をよじ上るときにも、手の指に全身の体重がかかる。岩の角で切り傷を負うのはこんなときだ。

石ころの結晶や砂粒を観察するのに、**ルーペ**があると楽しい。フィールドで使用するには安価なもので十分。

そして、ぜひ持参したいのが**国土地理院発行の2万5000分の1地形図**。石ころ採集地を探すのにも、川原や海岸の散策を楽しむのにも欠かせない。地形図の欄外の白い部分はフィールドノート代わりになる。石ころ採集地だけでなく、気がついたことをメモしておくと、これが素晴らしい記録となる。

↓海岸や川原では帽子に長袖は守りたい。海岸を歩くときは、危険だからこれより水際に近づかないこと。

↓ノートや地形図には、石ころ採集の情報をメモしておこう。これで忘れるという恐怖から解放される。

1 標本箱のそれぞれの石ころは、手のひらにのせて握れるほどの小石を選んでいるので、石ころの寸法は記していない。実物のほぼ70%から80%の大きさになっている。必要な石ころだけ寸法を入れた。

2 砂岩については、どの川原でも海岸でも多くを占める。扱いが少ないのは、ぜひ手に取ってほしい石ころを優先したことによる。

10倍程度のルーペをそろえたい。

→透明なビニル袋に３～４個入れて持ち帰る。ラベルに採集年月日と採集地等を記しておこう。

↓私の一番好きな石ころは、神奈川県小田原市の酒匂川海岸のトーナル岩（火成岩）。

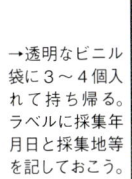

北海道
No.01

石狩川《いしかりがわ》深川市《ふかがわし》の川原

見どころ 神居古潭石《かむいこたんいし》と火成岩。

採集場所 北海道深川市、深川橋下流100mの左岸の川原。

参考地図 20万分の1地勢図「旭川」、2万5000分の1地形図「石狩深川」

石狩川の流路は雄大だ。石狩岳を発し層雲峡の渓谷を下り、上川盆地を通りぬけると、やがて神居古潭の渓谷をくぐる。このあと空知・石狩平野にゆったりと入る。忠別川や空知川など大きな支流が多く、流域面積は41,330㎢で全国第2位を誇る。

川原での石ころ採集は、深川市付近から上流に限られる。変成岩のほか、大雪山系の火山活動によってもたらされた火山岩や火山砕石岩類が目につく。

←深川橋から50kmほど下流の美唄市中村町付近の草と河畔林に覆われた川原。このあたりから下流では、石ころがひろえる川原はない。

↑神居古潭の吊り橋。橋の上下流は神居古潭構造帯とよばれる変成岩がむき出しになった峡谷である。変成岩の一種の神居古潭石もこのあたりで産出した。

▲20万分の1地勢図で見ると、山にはさまれた神居古潭の峡谷と、この峡谷をぬけたあとゆったりと平野を流れる石狩川の様子がひと目でわかる。(国土地理院発行20万分の1地勢図「旭川」平成18年編集)

↓荒々しい大雪山系の火山活動を伝える、凝灰岩の礫がまじっている石ころ(長径120㎜)。黒っぽいガラス質がまじっている。

深川橋下流400mにある堰付近から下流の川原をのぞむ。

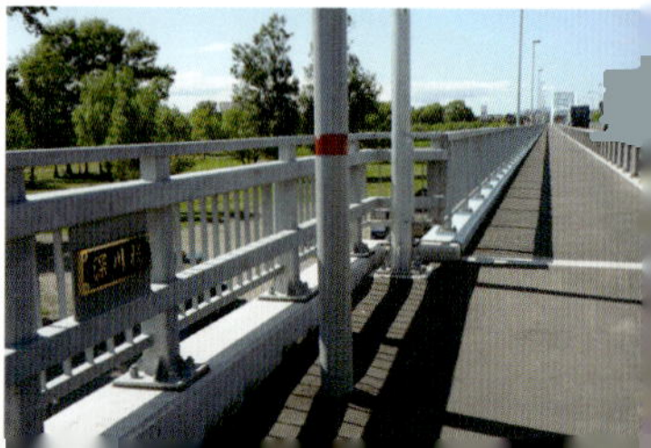

↓JR函館本線の深川駅から南へ1kmほどの、石狩川にかかる深川橋。

神居古潭石（変成岩）。やや緑っぽい黒光りした石ころ。アクチノ閃石という変成鉱物でできているという。神居古潭の吊り橋付近では採りつくされたらしい。今では下流の川原の転石のなかから探すしかない。（長径62㎜）

やや緑がかかった黒色の角閃石の結晶でできた石ころ。

かんらん岩（火成岩）。表面が酸化して褐色になっている。

表面がざらついていて、灰色がかったうすい緑色の緑色岩（変成岩）。

赤茶色の細かな結晶（石基）に、白い斑晶がまじっている安山岩（火成岩）。

褐色、黒色、白っぽい筋がしわくちゃにできた結晶片岩（変成岩）。

大きな結晶のすき間に細かな結晶がつまっている石英斑岩（火成岩）。

大小の礫が固まった礫岩（堆積岩）。表面がすべすべとしていてなめらか。

マグマの熱で変成作用を受けてできたホルンフェルス（変成岩）。細かな斑点のくぼみは菫青石という変成鉱物がぬけたあと。鋭い割れ口が残っている。

石狩川データ 水源：大雪山系石狩岳　流路延長：268㎞　河口：石狩市の石狩湾。

北海道 No.02

石狩川水系

空知川《そらちがわ》富良野市《ふらのし》の川原

見どころ 粒がそろった砂岩のほかさまざまな緑色岩。

採集場所 北海道富良野市、市街地から2㎞南の右岸の川原。

参考地図 20万分の1地勢図「夕張岳」、2万5000分の1地形図「布部」

空知川は、石狩川最大の支流である。山田秀三著『北海道の地名』によれば、「空知川」の呼び名はアイヌ語の「ソーラプチ・ベツ（滝が・ごちゃごちゃ落ちている・川）の意味があるという。確かに、源流の十勝岳付近では、険しい谷となっている。富良野盆地付近でも流量は多く、流れが岸を削っている。富良野市からさらに下流の赤平市《あかびらし》には、流れが削りとった左岸に石炭の層がむき出しになった場所がある。

→堤防内に下りたら、踏みあとをたどって川原に向かう。

↓流れと平行に自然の堤防となっている川原に出た。

↓対岸には、小さな崖となっている箇所がある。流れが絶え間なくぶつかって、岸を削り続けているようだ。

▼富良野市外、水田や畑の農道から堤防に上がる。堤防内は草地と広葉樹が茂っている。地図には記されていない小径を下りて川原に出る。礫の記号で記された場所が石ころの川原。（国土地理院発行２万 5000 分の１地形図「布部」平成 13 年改測）

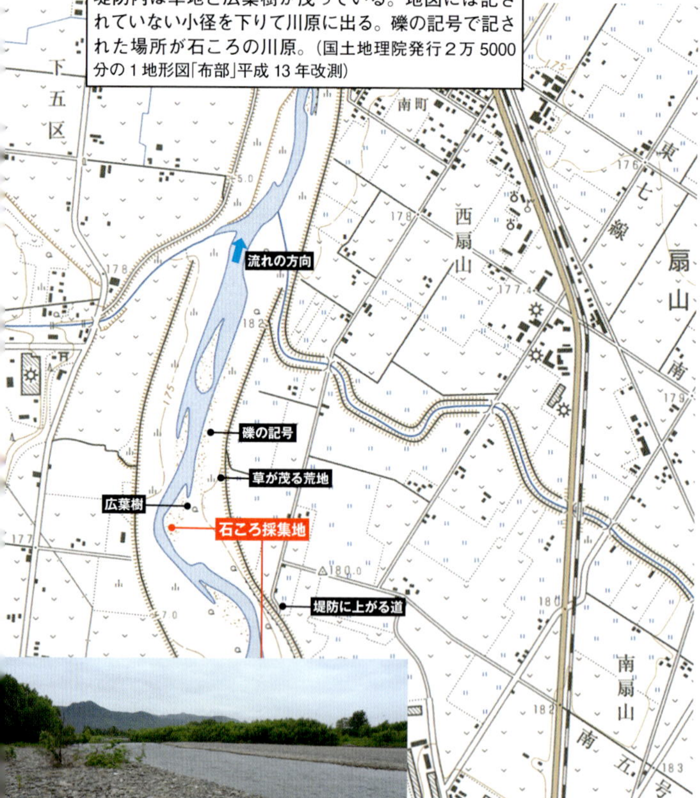

←流れをはさんで、きれいな石ころの川原が続いている。北海道の川原では、このような河畔林がよく見られる。

チャート(堆積岩)。ひびだらけで、割れたときの角がまだ残っている。

白っぽい砂と黒っぽい砂が縞模様になっている。砂岩(堆積岩)。(長径 110㎜)

白い結晶の粒に青のりをまぶしたような石英閃緑岩(火成岩)。

表面が酸化して褐色になっているかんらん岩(火成岩)。

白い粉をぱらぱらとまぶしたような石灰岩(堆積岩)。

ざらざらとした手触りの丸い砂岩(堆積岩)。赤茶の部分は、鉄分が酸化したのか。

流紋模様がうっすらと見られる薄紫色の流紋岩(火成岩)。

石英脈がついた緑色岩(変成岩)。カッターの刃で傷がつくのでチャートではない。

砂粒が緑っぽく変色したような緑色岩(変成岩)。

小豆色をした緑色岩(変成岩)。細い石英の脈が入っている。

パッチワークのような礫岩(堆積岩)。礫はどれも緑色岩。

空知川データ 水源:十勝岳　流路全長:194.5㎞　合流点:滝川市街で石狩川と合流。

北海道 No.03

十《と》勝《かち》川《がわ》幕《まく》別《べつ》町《ちょう》の川原

見どころ 十勝石と呼ばれる黒曜石。

採集場所 北海道幕別町、JR根室本線鉄橋の上流1.2kmの右岸の川原。

参考地図 20万分の1地勢図「帯広」、2万5000分の1地形図「十勝川温泉」

大雪山連峰十勝岳を本流とする十勝川からは火山岩や火山砕石物が、日高山脈札内岳を水源とする札内川からは深成岩や変成岩の片麻岩などが下ってくるので、川原ではさまざまな種類の石ころが見られる。このなかでの極めつけは、なんといっても十勝石と呼ばれる黒曜石。採集者が多いので川原ではあまり見かけなくなったが、手のひらに乗る小石ならばいくつも見つけられる。支流の音更川や居辺川などから運ばれたものだろう。

←堤防のわきに車を置いて、河畔林の中をぬけて川原に向かう。

←河畔林には、増水したときに運ばれた砂が残っている。河畔林の多くはヤナギの仲間だ。

←河畔林をぬけると、石ころまじりの川原に出た。

▼幕別駅から徒歩で30分ほど。堤防から草地を通りぬけ、河畔林をくぐったら川原に出られる。(国土地理院発行2万5000分の1地形図「十勝川温泉」平成19年更新)

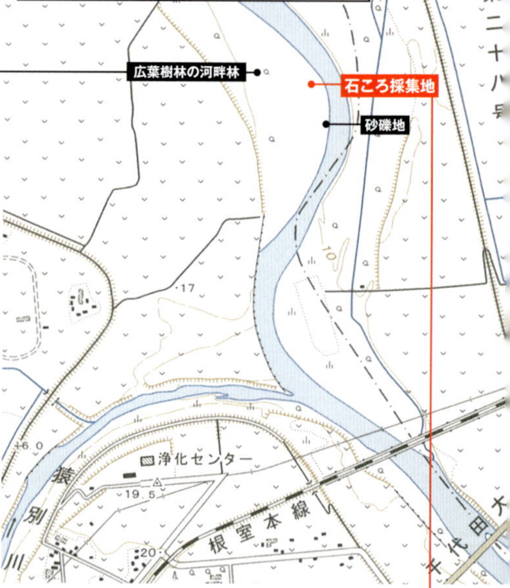

→川原で十勝石を見つけた。右ページの標本箱の、左上の十勝石だ。

↓広々とした石ころ採集地点の川原。対岸の岸は、川の流れで削りとられている。

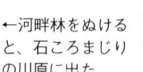

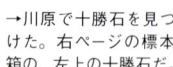

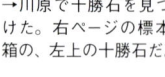

表面がざらざらしたやや赤茶けた灰色の石ころ。十勝石と呼ばれる黒曜石（火成岩）だ。割ってみれば、赤茶のガラスであることがわかる。（長径 52㎜）

表面がざらざらですっきりとした灰色の十勝石（火成岩）。欠けた部分があり、そこに真っ黒なガラスが見られる。

薄紫色の流紋岩（火成岩）。細かな結晶はガラス質でできている。

閃緑岩（火成岩）。白っぽい緑色の鉱物はおもに斜長石、黒っぽい鉱物はおもに角閃石。

灰色の細かな石基とよばれる結晶に、白や黒の大きな結晶（斑晶）がまじる安山岩（火成岩）。

安山岩（火成岩）。薄紫色の石基に、白や黒の斑晶がまじっている。

薄い層が重なった平たい石ころ。白い部分は石英。結晶片岩（変成岩）。

白っぽい結晶の粒と褐色の結晶の粒が縞模様にならんでいる片麻岩（変成岩）。

割れたときの鋭い角を残すチャート（堆積岩）。極めて硬くカッターの刃で傷をつけることはできない。

十勝川データ 水源：大雪山連峰十勝岳　流路全長：156㎞　河口：豊頃町で太平洋にそそぐ。

北海道 No.04

十勝川水系

居辺川《おりべがわ》池田町《いけだちょう》・音更川《おとふけがわ》音更町《おとふけちょう》の川原

見どころ 十勝石という名の黒曜石。

採集場所A 居辺川：池田町、居辺大橋下左

採集場所B 音更川：北海道音更町、音幌橋下。

参考地図 20万分の1地勢図「帯広」、2万5000分の1地形図「帯広北部」「十勝高島」

十勝川（p14の採集地）でひろった十勝石は、支流の音更川から運ばれてきたものだろう。音更川の上流の上士幌町の十勝三股付近が、十勝石、つまり黒曜石の産地だからだ。一方十勝川の支流の利別川と合流する居辺川の川原でも、十勝石をひろうことができる。音更川と同じ上士幌町付近が源流だからだ。十勝石を求めて、ふたつの川を訪ねてみよう。

→居辺大橋わきの居辺川名案内板。川の由来は「ウル・ペッ（丘の川）」と記されている。北海道の川では、このような案内板が多い。

→居辺大橋から居辺川の上流の川原の様子。両岸にはケショウヤナギのほか広葉樹の河畔林がならんでいる。

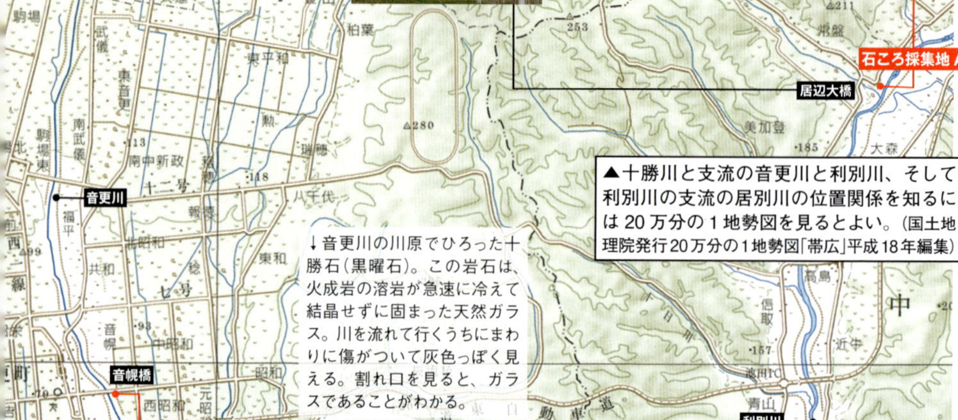

▲十勝川と支流の音更川と利別川、そして利別川の支流の居別川の位置関係を知るには20万分の1地勢図を見るとよい。(国土地理院発行20万分の1地勢図「帯広」平成18年編集)

↓音更川の川原でひろった十勝石（黒曜石）。この岩石は、火成岩の溶岩が急速に冷えて結晶せずに固まった天然ガラス。川を流れて行くうちにまわりに傷がついて灰色っぽく見える。割れ口を見ると、ガラスであることがわかる。

音更川音幌橋下流左岸の川原。

↓音更川でも、流れの脇にヤナギの河畔林が発達している。

居辺川居辺大橋の下でひろった十勝石（火成岩）。左下の石ころで長径 45㎜ほど。A

居辺川の川原にころがっていたさまざまな姿の流紋岩（火成岩）。黒曜石もこの流紋岩と同じ化学組成でできているという。A

ガラス質に冷え固まった火砕岩の岩辺（火成岩）。B

灰色の石基に黒と白の斑晶がちりばめられた安山岩（火成岩）。B

火山灰や小さな礫が固まった凝灰岩（堆積岩）。B

居辺川データ 水源：上士幌町　流路全長：50㎞　合流点：池田町で利別川と合流。
音更川データ 水源：上士幌町音更山　流路全長：94㎞　合流点：音更町で十勝川と合流。

北海道 No.05 羅《ら》臼《うす》川《がわ》羅《ら》臼《うす》町《ちょう》の川原

見どころ 羅臼岳から運ばれた安山岩と凝灰岩。

採集場所 北海道羅臼町、知床大橋下流300mの左岸の川原。

参考地図 20万分の1地勢図「知床岬」、2万5000分の1地形図「羅臼」

羅臼川とその支流は、水量が多くヤマメや北海道だけに分布するオショロコマの絶好の釣り場が連なる。流路全長10㎞足らず、上流の川原の様子が河口まで続いている。上下流、どこの川原も、割れたときの姿を残す角ばった石ころが多い。羅臼岳からの安山岩をはじめ色とりどりの火山噴出物が、川原にころがっている。知床半島の川はどこもそうだが、石ころひとつひとつから自然の活動の荒々しさが伝わってくる。

←石ころ採集地点の川原。割れたままの姿を残す石ころが多い。

→羅臼川の源流となる羅臼岳とそのふもとには、6月とはいえ、たっぷりと雪が残っている。

▼知床大橋の下流300mほど、広い川原におりられる場所がある。湯野沢橋から下流はほぼ一直線、砂防ダムが続く。（国土地理院発行２万5000分の１地形図「羅臼」平成20年更新）

←地形図にあるように川原に広葉樹が立っている。6月のはじめ、対岸の木々は新緑だがところどころに雪が残っている。

→羅臼川の河口付近の羅臼海岸の石ころ。角ばった石ころが多い羅臼川の川原の石ころにくらべて、太平洋の荒波にもまれ丸みを帯びた石ころが多い。

川原では、割れたときのままの形を残す石ころが多い。さまざまな色と形の火山噴出物が見られる。

パステルカラーの凝灰岩（堆積岩）。左上はガラスがまじった溶結凝灰岩（火成岩）だろうか。

角が丸みを帯びた安山岩（火成岩）。白っぽい斜長石の斑晶が見られる。

大きな斜長石の斑晶が目立つ安山岩（火成岩）。

黒っぽいガラス質の部分がある。溶結凝灰岩だろうか（火成岩）。

白っぽい結晶に黒っぽい緑色の角閃石の結晶がちりばめられている石英閃緑岩（火成岩）。

羅臼川データ 水源：羅臼岳　流路全長：9.1km　河口：北海道羅臼町で太平洋にそそぐ。

北海道 No.06

様《さま》似《に》町《ちょう》平《ひら》宇《う》エンルム岬の海岸

見どころ かんらん岩と蛇紋岩。

採集場所A 様似町平宇の海岸。 **採集場所B** 様似町エンルム岬の海岸。

参考地図 20万分の1地勢図「広尾」「浦河」、5万分の1地形図「浦河」「えりも」

様似町平宇の海岸を中心に北側のエンルム岬から幌満川河口付近まで海岸を歩く。一帯はアポイ岳ジオパークとなっていて、日高耶馬渓の岸壁の絶景は目を見はる。変化に富んだ海岸線と個性のある石ころにめぐり会えるので楽しい。様似町の平宇の砂浜の海岸で見られるかんらん岩や蛇紋岩は、東15㎞ほどの幌満川から運ばれた石ころだろうか。山中地区の大正トンネル付近の岩は、褐色の片麻岩のなかにマグマが入り込み花崗岩類となったものという。

←大正トンネル下の海岸には、アポイ岳ジオパークの案内板が立てられている。

→大正トンネル付近の崖は、褐色の片麻岩でできている。

▼エンルム岬から幌満川河口まで 15㎞ほど。砂浜の海岸は平宇付近。20 万分の 1 地勢図だと、海岸ぎわまで山がせまっている様子が地形を表す陰影でわかる。(国土地理院発行 20 万分の 1 地勢図「浦河」+「広尾」平成 18 年編集)

←エンルム岬では、岩脈が空に向かってそそり立っている地形が目をひく。

→様似町平宇の砂浜の海岸。灰色の砂岩が多いが、たんねんに見ていくとかんらん岩や蛇紋岩などがころがっている。遠方の三角形の山は、かんらん岩でできているアポイ岳。地中深くにあるかんらん岩が、ここでは地表にまで姿を現している。

表面がすべすべしている蛇紋岩（変成岩）の石ころ。かんらん岩が水の作用によって変化した岩石。A

表面が布のようにやわらかな感触の蛇紋岩（変成岩）。A

オリーブ色のなめらかにみがかれたかんらん岩（火成岩）。A

かんらん岩（火成岩）。オリーブ色のかんらん石の結晶の粒が見られる。A

褐色の縞模様が美しい流紋岩（火成岩）。 A

石英のうすい脈がはさまった結晶片岩（変成岩）。A

花崗岩のような模様をした片麻岩（変成岩）。黒っぽい結晶は、角閃石と雲母。A

片麻岩（変成岩）。白っぽい結晶と黒っぽい結晶が、縞模様になっている。B

この灰色の石ころ、ひと目見ると流紋岩のようだが、実はひん岩（火成岩）。安山岩質のマグマが固まったものという。白い斜長石の斑晶がまじる。B

様似海岸データ 位置：北海道東部、襟裳岬の西方約25～37km。日高山脈を背に太平洋に面している。

北海道
No.07

沙流川日高町《さるがわひだかちょう》の川原

見どころ 蛇紋岩をはじめ多種の石ころ。

採集場所 日高町右左府《うさっぷ》橋下流200mの左岸の川原。

参考地図 20万分の1地勢図「夕張岳」、2万5000分の1地形図「日高」

水源付近の日高山脈は、日高変成岩帯となっていて、結晶片岩や片麻岩の変成岩の地質。これに加え、斑れい岩やかんらん岩などの火成岩の深成岩類の地質も見られる。さらに、沙流川は古い時代から新しい時代の地層まで、砂岩やチャート、石灰岩などの地質を流れ下るので、石ころの種類は中部地方の天竜川とならび多い。1966年には、日高町で見つかった緑色を含む硬い岩石が、輝石の一種のクロム透輝石を含む「日高ヒスイ」であると北海道大学で鑑定された。

←草原をぬけると、きれいな石ころがならぶ川原が広がっている。

→右左府橋のたもとに車を置く。そこから川原に下りる道がある。

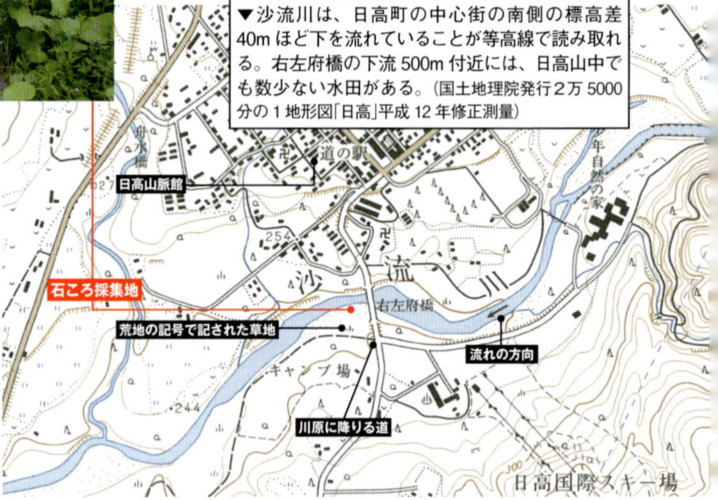

▼沙流川は、日高町の中心街の南側の標高差40mほど下を流れていることが等高線で読み取れる。右左府橋の下流500m付近には、日高山中でも数少ない水田がある。(国土地理院発行2万5000分の1地形図「日高」平成12年修正測量)

↑日高山脈博物館は、日高地方の地質、岩石、鉱物など詳しく学べる博物館。地質学・岩石学の専門の学芸員がいて、いつでも質問に答えてくれる。

←沙流川の支流の千呂露《ちろろ》川沿いに置かれている「チロロの巨石」。長径10mもの変成岩。上流から巨石を運び出したものの、この場所で搬出をあきらめた岩だといわれている。

↓上流から下流まで、川に面した急傾斜地では、流れに削られ、崖崩れとなっている箇所が多い。

小石を握ると布のような感触がある蛇紋岩（変成岩）。

ぬめり模様がついた蛇紋岩（変成岩）。

かんらん岩（火成岩）。褐色の模様がついているが、これは鉄分が酸化したから。

黒っぽい小さな礫がつまった礫岩（堆積岩）。

細い石英の脈が無数に走っているチャート（堆積岩）。

もとは斑れい岩（火成岩）。地中で押しつぶされて変成作用を受けてできた変斑れい岩（変成岩）。

白っぽい鉱物にのりをまぶしたような石英閃緑岩（火成岩）。

白い粉をふいたような石灰岩（堆積岩）。

白い粒と黒い粒が縞模様にならんだ片麻岩（変成岩）。

平べったい片麻岩（変成岩）。この石ころも白い粒と黒い粒が縞模様にならんでいる。

割れたときにできる片理と呼ばれる平行な面が見られる結晶片岩（変成岩）。

幾層にもうすい石英の層が見られる結晶片岩（変成岩）。

沙流川データ 水源：日高山脈の日勝峠付近　流路全長：104km　河口：平取町をへて日高町で太平洋にそそぐ。

北海道
No.08

日高町《ひだかちょう》シノダイ岬《みさき》の海岸

見どころ 丸く美しくみがかれた石ころたち。
採集場所 シノダイ岬先端の海岸。
参考地図 20万分の1地勢図「苫小牧」「浦河」、2万5000分の1地形図「門別」「富川」

沙流川左岸の河口から南東に向かって2kmほど、コンクリートの階段の防波堤で固められた小さな岬がある。カサゴの仲間のカジカ釣りの名所である。干潮になると、階段の下に丸くみがかれた石ころの砂利浜があらわれる。防波堤に固められる以前は、砂利浜が張り出した美しい浜だった。ここで採集できる石ころはどれも美しくみがかれている。沙流川が運んだ石ころが多いはずだが、沙流川でよく見かけた蛇紋岩は岬では、たったひとつしか見つからなかった。

↓沙流川右岸の河口から鵡川方向に歩くと、コンクリートの防波ブロックが連なっていて、砂浜が失われている。ブロックの切れ目の砂浜は、どんどん浸食が進んでいる。

↓浸食された小さな崖下には、丸みのある石ころが崩れ落ちている。大昔、沙流川が運んだ礫だろうか。ここで割れた大きな蛇紋岩を見つけた。

▲シノダイ岬から富川の海岸まで、海岸の波による浸食が激しい。「農地海岸」として背後の農地を浸食から守るため防波堤が築かれているという。沙流川と鵡川のふたつの河口があって土砂が供給されているはずなのに、なぜ海岸浸食が進んでいるのだろう。(国土地理院発行 20 万分の 1 地勢図「苫小牧」「浦河」平成 18 年編集)

←シノダイ岬の堤防から沙流川の河口方向をながめる。潮が引き始めると、堤防の下に砂利浜が現れる。

→干潮で姿をあらわした砂利浜。丸く磨かれた石ころが、打ち返す波に洗われている。

白と黒のまだら模様がつるつるにみがかれている。斑れい岩(火成岩)。

白い石英の脈がついている石ころ。片麻岩(変成岩) だろうか。

小豆色をした緑色岩(変成岩)。小さな穴に沸石の結晶がつまっている。

ひびが入っているものはあるが、どれもまん丸のチャート(堆積岩)。
このような、角のない丸いチャートは川原では見たことがない。

どちらも泥岩(堆積岩)。それとも頁岩だろうか。カッターの刃で簡単に傷がついた。

褐色と黒っぽい縞模様が美しい片麻岩(変成岩)。

まっ白な石英の脈岩。

砂粒がそろった砂岩(堆積岩)。

やや大きな砂粒がつまった砂岩(堆積岩)。

白っぽい花崗岩(火成岩)。

シノダイ岬データ 位置：沙流川の河口左岸より南東へ約2km。日高山脈を背に太平洋に面した小さな岬。

北海道
No.09

松前《まつまえ》町《ちょう》折《おり》戸《と》海岸

見どころ グリーンタフと2億年前恐竜の時代の石ころ。

採集場所 北海道松前町折戸海岸。

参考地図 20万分の1地勢図「函館」、2万5000分の1地形図「松前」

折戸海岸は、以前は海水浴場としてにぎわった。現在は、海水浴場として訪れる人は少ない。広い海辺だが、岸よりにはむき出しの岩や海面下の岩が無数にならび、海水浴には向かない。そのかわり、海岸の石ころひろいは楽しい。砂岩や泥岩の石ころは、２億年前、恐竜の時代のジュラ紀のものかもしれない。グリーンタフと呼ばれる緑色凝灰岩は、2000年前頃に盛んだった海底の火山活動よってもたらされたもので、その多くが緑色となっている。このグリーンタフの石ころもひろえる。

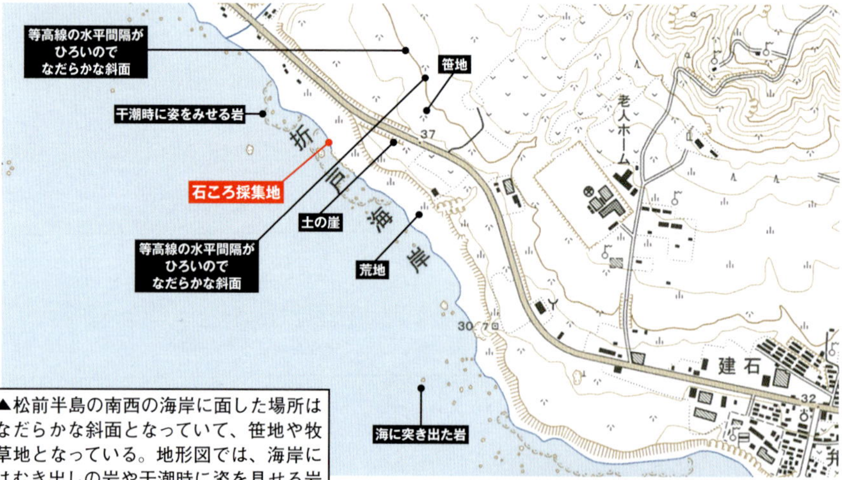

▲松前半島の南西の海岸に面した場所はなだらかな斜面となっていて、笹地や牧草地となっている。地形図では、海岸にはむき出しの岩や干潮時に姿を見せる岩の記号が記されている。（国土地理院発行２万5000分の１地形図「松前」平成17年更新）

→この岩の層は２億年前、恐竜の時代のジュラ紀のものだという。砂岩と黒っぽい泥岩が互い違いに縞模様をつくっている。

↓海辺の駐車場から浜に出る。岸よりに岩礁が無数にならんでいるのが、まず目につく。

→小川の流れ込む場所に立つ岩。岩の下に小さくてきれいな石ころがころがっている。

グリーンタフと呼ばれる緑色凝灰岩（堆積岩）。粒の細かいもの、粗いもの、礫がつまっているものなどさまざまだ。

灰色の火山噴出物のスコリアの粒がまじった緑色凝灰岩（堆積岩）。

大きな白っぽい斜長石の結晶が見られる安山岩（火成岩）。

美しいパッチワークの礫岩（堆積岩）。

手触りがすべすべした礫岩（堆積岩）。

チャート（堆積岩）はとても硬い岩石だが、海の波にもまれるとこのように角がとれて丸くなる。

この海岸の岩と同じ古い時代の砂岩（堆積岩）だろうか。

小さな断層のあとを残す砂岩（堆積岩）。

うっすらと流れ模様のある流紋岩（火成岩）。石英の脈に、褐色や黒っぽい色がついている。

折戸海岸データ 位置：北海道松前町の中心街から西へ3kmほど、日本海に面している。

青森県 No.10 津軽《つがる》半島《はんとう》青岩《あおいわ》海岸・七里《しちり》長浜《ながはま》

見どころ 美しい錦石やメノウの小石。

採集場所A 青森県中泊町青岩の海岸。

採集場所B 青森県つがる市七里長浜の海岸。

参考地図 20万分の1地勢図「青森」、2万5000分の1地形図「小泊」

津軽半島の日本海側の海岸は、美しい小石の宝庫だ。青岩海岸は、津軽半島の南に延びる七里長浜とともに、錦石やメノウなどの小石がひろえる海岸として知られている。青岩海岸は交通の便は悪いが、石ころファンならばなんとしてでも出かけたい。津軽地方では、もともと「錦石」は赤色系の碧玉（ジャスパー）のことをいっていたが、現在はメノウや流紋岩、珪質泥岩、黒曜石、石英まで、みがくと美しい石のことをいうようだ。

←津軽国定公園の青岩の案内板がある場所が石ころ採集地A。陽光に照らされると、岩がうっすらと青く見える。

←青岩海岸。前方の小さな岬の前にある岩が青岩。波打ち際に小石がならんでいる。嵐のあとなどは、径20cm以上の大きな石も打ち上げられるので、錦石をゲットするチャンス。

←青岩海岸から南の小泊岬方向をながめる。手前に冬部川の小さな流れが海にそそいでいる。

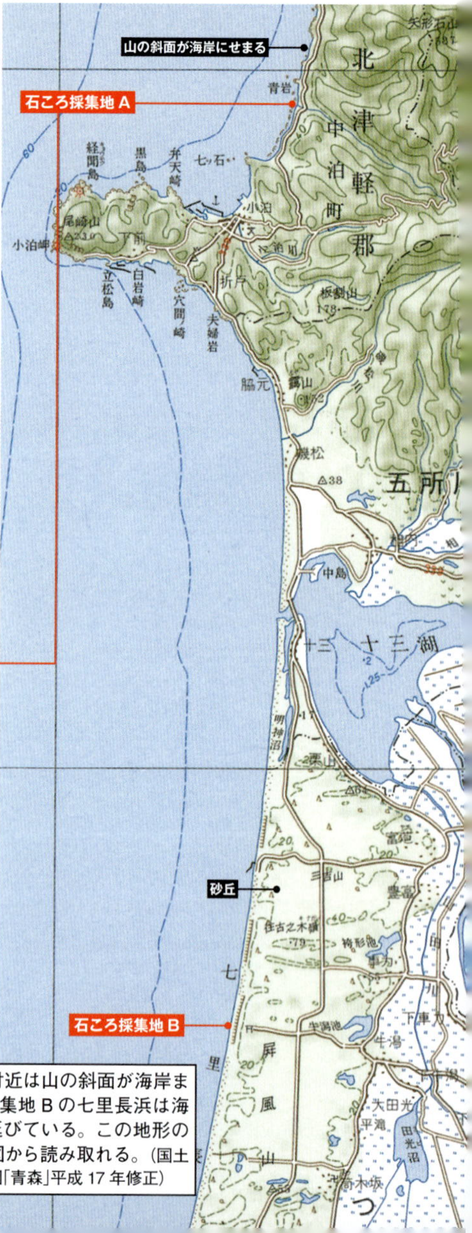

▶石ころ採集地Aの青岩付近は山の斜面が海岸までせまっている。石ころ採集地Bの七里長浜は海岸から幅4kmもの砂丘が延びている。この地形の違いは、20万分の1地勢図から読み取れる。（国土地理院発行20万分の1地勢図「青森」平成17年修正）

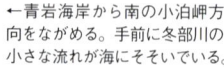

青岩の紅色の礫岩（堆積岩）。紅鮭の身のような色。みがくと、鮮やかな紅色がさらに際立つ。（左上の小石の長径は 40㎜ほど） A

錦石の小石。流紋岩や珪質泥岩だろう。（左上の小石の長径は 40㎜ほど） A

青岩のメノウの小石は、うっすらと縞模様があるものが多い。（左上の小石の長径は 30㎜ほど） A

小石の割れ目にできたメノウ。（長径 30㎜） A

↑石ころをひろっていると海鳥が近づいてきた。青岩海岸は、自然と一緒になれるかけがえのない場所だ。青岩海岸では、錦石だけでなく、さまざまな種類の石ころを採集することができる。

ざらざらした石基に斜長石の白い斑晶がちりばめられたひん岩(火成岩)。A

礫岩(堆積岩)。自然のみごとなパッチワーク。白い筋にメノウが入っている。A

白っぽい流紋岩質の礫が固まっている。礫岩(堆積岩)。A

凝灰岩(堆積岩)。凝灰岩の礫が集まっているので礫岩といってもいい。A

青みがかった灰色の凝灰岩(堆積岩)。A

粒の粗い青みがかった凝灰岩(堆積岩)。A

灰色の石ころ。タコの吸盤のような穴がついている。流紋岩(火成岩)。A

全体に紫っぽい石ころ。うっすらと筋がついている。流紋岩(火成岩)。A

七里長浜のメノウの小石。（右上の小石で長径は 25㎜ほど）B

七里長浜の錦石の小石。水石愛好者は、長径 30㎝以上の大きさのものを探す。（左上の小石の長径は 30㎜ほど）B

小さな色とりどりの礫が集まった礫岩（堆積岩）。錦石でなくても、このような石ころで十分美しい。B

黒とオリーブ色の礫が集まった礫岩（堆積岩）。B

青岩海岸データ 津軽半島の北端、竜飛崎の南18kmにある日本海に面した海岸。

青森県 No.11

岩木川弘前市《いわきがわひろさきし》の川原

見どころ	火山噴出物の安山岩や緑がかった凝灰岩。
採集場所	弘前市富士見橋下から上流右岸の川原。
参考地図	20万分の1地勢図「弘前」、2万5000分の1地形図「弘前」

岩木川には、最下流に十三湖という湖がある。水源の白神山地から弘前市までは急勾配の流れだが、弘前市から河口までの津軽平野では標高差30mほどで緩やかな勾配となっている。石ころがひろえる川原は、弘前市から下流ではほとんど見られない。弘前市の富士見橋上下流の川原が、石ころが広がるほぼ最終地点である。川原では、白神山地からの凝灰岩、十和田・八甲田山からの安山岩や火山噴出物が見られる。

←富士見橋の上流、右岸の堤防から川原に下りる道がある。

↑富士見橋から、津軽富士と呼ばれる岩木山が見える。

▶富士見橋と岩木橋の間の川の流れの中に→が記されている。流路の方向だ。岩木橋下流に標高 30m の等高線がある。さらに富士見橋の下流に 22.5m の等高線がある。地図上で測ると、およそ 1.5km で 7.5m の標高差があることがわかる。(国土地理院発行2万 5000 分の 1 地形図「弘前」平成 16 年修正測量)

↓5月下旬、北国の青森では木々の若芽がようやく出そろったところだ。川原には形のそろった石ころがならんでいる。

→弘前はリンゴの産地。リンゴの花の向こうに岩木山が横たわっている。

赤茶けた火山灰に大小の礫がまじっている。
凝灰岩(堆積岩) だろうか。

白い斑点の鉱物がたくさん見える。茶色の縞模様は、鉄分が沈殿したもの。流紋岩(火成岩)。

流れ模様がはっきりした紫色を帯びた灰色の流紋岩(火成岩)。

凝灰岩(堆積岩)。緑がかった灰色の石ころ。

凝灰岩質の軽石の小粒の礫が集まった礫岩(堆積岩)。

割れたときの角が残ったままの硬いチャート(堆積岩)。

安山岩(火成岩)。石ころの表面の手触りはざらざらしている。

白地に緑黒色の角閃石がちりばめられた閃緑岩(火成岩)。

結晶の粒がやや大きめの花崗岩(火成岩)。白っぽい鉱物はおもに石英とカリ長石。

岩木川データ
水源：青森県と秋田県の境、白神山地の雁森岳　流路全長：102km
河口：青森県の十三湖をへて日本海にそそぐ。

岩手県 No.12

橋野川《はしのがわ》・鵜住居川《うのずまいがわ》釜石市《かまいしし》の川原

見どころ 磁鉄鉱70%ほどを含む餅鉄。

採集場所 岩手県釜石市橋野町、鞭牛《べんぎゅう》大橋の上下流。

参考地図 20万分の1地勢図「橋野」「一関」、2万5000分の1地形図「橋野」

上流は橋野川、中流の栗林町付近から鵜住居川と呼ばれる。川沿いのところどころに石ころの川原があるが、川原の真ん中ではほとんど餅鉄をひろえなくなった。川岸の木や草の根元にころがる石ころのなかから丹念に探し、餅鉄をいくつか採集することができた。手に持てば他の石ころとくらべて、とびぬけて重いので見分けがつくが、念のため磁石を持参するとよい。磁石は、径10㎜ほどのリング状のものを、釣り糸などに結んで使用する。

←橋野川の上流の支流青ノ木川沿いに、近代製鉄の父といわれる大島高任による明治時代はじめの橋野高炉跡がある。高炉に使われている石は花崗岩。

▼地形図で「荒地」の記号で記されている場所に、物産の売店の建物がある。地形図に記されていないのは、測量された平成11年よりもあとに建てられたからだろう。川沿いの等高線の間隔がせまい。急斜面になっている。(国土地理院発行2万5000分の1地形図「橋野」平成11年部分修正測量)

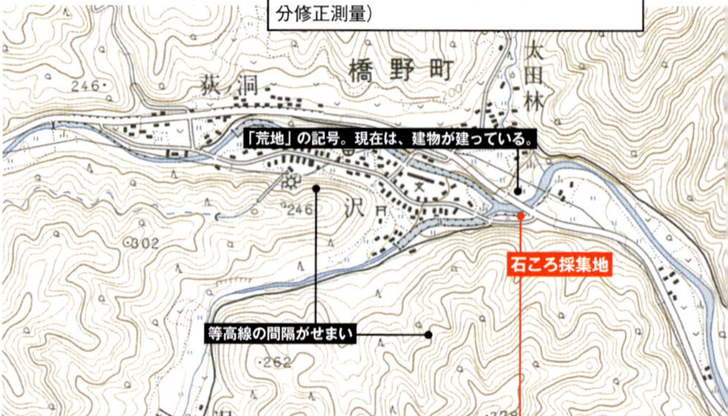

↓鞭牛橋のわきの食料品店と物産の売店の建物。

←鞭牛橋のわきから橋野川の川原に下りる。

→橋の上から沢桧川(左)と橋野川(右)の合流点の川原を見渡す。川原は白っぽい。花崗岩の仲間の石ころが多いからだろう。この川原で餅鉄を探す。

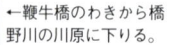

鞭牛大橋の上下流の川原で採集した餅鉄。下流の栗林町付近の川原で採集したものも一緒にならべた。(右上の石ころで長径 40㎜ほど)

泥岩(堆積岩)。わずかに磁石が吸いつけられ反応するが、磁鉄鉱はわずかしか含まれていない。これは餅鉄ではない。

↑磁石を餅鉄に近づけると、ぴったりとくっつく。

餅鉄は、磁鉄鉱を 70%ほど含む泥岩(堆積岩)だ。ずっしりと重い。この餅鉄は、長径 75㎜だが400gもある。

黒っぽい結晶が多く、絣の模様のようだ。斑れい岩(火成岩)。

片麻岩(変成岩)。白っぽい粒と黒っぽい粒が、縞模様にならんでいる。

手触りがざらざらする花崗岩(火成岩)。

雲母の粒がたくさん入っている花崗岩(火成岩)。

角閃石片岩(変成岩)。角閃石の細かな粒が一定方向にならんでいる。

小さな穴だらけの泥岩(堆積岩)。ずっしりと重い餅鉄だ。

橋野川データ 水源：北上山地の大峰山　流路全長：23.1㎞　河口：岩手県釜石市の大槌湾にそそぐ。

岩手県
No.13

北上川《きたかみがわ》盛岡《もりおか》市《し》の川原

見どころ 砂岩・泥岩・チャートなど2億年以上も前の堆積岩。

採集場所 盛岡市より約10㎞南、都南大橋の下流右岸。

参考地図 20万分の1地勢図「盛岡」、2万5000分の1地形図「矢幅」

盛岡市付近は北上川の上流にあたる。岩石の種類はそれほど多くない。2億年前（ジュラ紀）の古い地層を流れてくるものもあるので、川原にころがっている石ころには、この時代の砂岩・泥岩・チャートなどの堆積岩があるはず。さらに、1億年ほど前にマグマが冷え固まってできた姫神山の花崗岩類も。新しい時代の岩手山の安山岩や玄武岩、花崗岩などの火成岩が加わる。変成岩は少ない。インターネットで、産業技術総合研究研の「20万分の1日本シームレス地質図」を開いて確かめてみよう。

↑川原の手前で車をとめて、川原まで歩く。この道を使って川原に入る車もあるようだ。

←堤防の上の道路から川原への下り口。

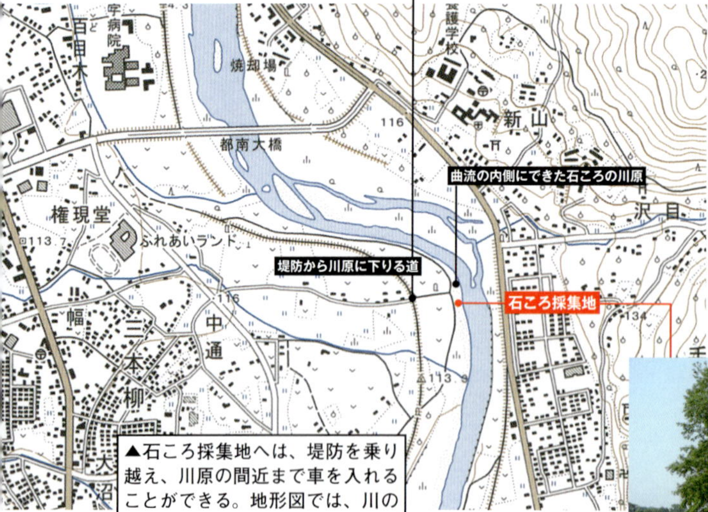

▲石ころ採集地へは、堤防を乗り越え、川原の間近まで車を入れることができる。地形図では、川の曲流の内側に目をとめよう。その場所は、砂礫がつもりやすいからだ。（国土地理院発行2万 5000 分の 1 地形図「矢幅」平成 18 年更新）

↑川原に出ると、前方に岩手山が見えた。流れに近い石ころは泥で汚れている。石ころの種類が見分けにくい。

→岸寄りの河畔林や草が生えている側の石ころは汚れていない。石ころの種類が見分けやすい。

割れたときの形そのままを残しているチャート(堆積岩)。

ホルンフェルス(変成岩)。紫色がかった灰色の石ころ。マグマなどの高い熱でやけどした岩石。

結晶片岩(変成岩)。平たい石ころを横から眺めると、白と黒の縞になっている。

安山岩(火成岩)。大きな斑晶の間を細かな石基が埋めている。

玄武岩(火成岩)。赤黒い石ころ。無数の穴は、ガスがぬけたあと。

花崗岩(火成岩)。褐色の小さな粒は雲母が風化したもの。

やや白っぽい火山灰が固まった凝灰岩(堆積岩)。

ざらざらとした手触り。砂粒と泥の中間くらいの粒でできている。砂岩(堆積岩)。

砂岩(堆積岩)。不揃いな白っぽい砂粒と黒っぽい砂粒が集まっている。

砂岩(堆積岩)。丸くみがかれたごく細かな砂粒が集まった石ころ。

チャートのようだが、カッターの刃で簡単に傷がつく。硬質の泥岩(堆積岩) だ。

千枚岩(変成岩)。粘板岩がさらに圧力がかかって平らに割れやすくなっている。

北上川データ 水源:岩手県北部の岩手町御堂　流路全長:249km
河口:宮城県登米市で分流、本流は追波湾にそそぐ。旧北上川は石巻湾にそそぐ。

秋田県 No.14

男鹿半島《おがはんとう》安田《あんでん》・入道崎《にゅうどうざき》・加茂青砂《かもあおさ》の海岸

見どころ さまざまな色と形の凝灰岩と流紋岩。

採集場所A 男鹿市安田海岸。 **採集場所B** 男鹿市入道崎。

採集場所C 男鹿市加茂青砂海岸。

参考地図 20万分の1地勢図「男鹿」

安田海岸は、男鹿半島のつけ根にある長く連なる砂浜。平行に連なる海食崖は、砂や火山灰でできている。灯台がある入道崎は、安山岩と灰色っぽい溶結凝灰岩。加茂青砂の海岸には、流紋岩のほか緑色の凝灰岩の岩がむき出しになっている。マグマの水蒸気爆発でできた一の目潟をはじめ、三ノ目潟火山群が半島の西側にならんでいる。地球のさまざまな活動の痕跡が見られる男鹿半島は、「男鹿半島・大潟ジオパーク」として登録されている。

↓入道崎灯台下の海岸。溶結凝灰岩がむき出しになっている。

→安田海岸は約800m続く長い海岸。海岸沿いの崖は、約50万年から9万年前の地層が現れている。砂浜では、緑、赤、白、灰色、黒などさまざまな色の石ころがひろえる。

▲20万分の1地勢図を見ると、男鹿半島は、海に面した西側が険しい断崖や急斜面となっていることが、等高線や地形を表す陰影、岩の崖の記号などで確かめることができる。(国土地理院発行20万分の1地勢図「男鹿」平成16年修正)

↓入道崎の海岸に下りる道。

↓八望台から眺めた二ノ目潟と戸賀湾。

←加茂青砂の海岸。海岸の中央に、緑色の凝灰岩の岩が出ている。まわりの岩は流紋岩。その向こうにカンカネ洞がある。

表面は滑らかなようだがざらざらしたシルト岩（堆積岩）。〈安田海岸〉A

流紋岩（火成岩）。筋の出っ張りが灰色の石ころ。〈安田海岸〉A

流紋岩質の凝灰岩（堆積岩）。〈安田海岸〉A

緑色がかった凝灰岩（堆積岩）。グリーンタフと呼ばれる。〈安田海岸〉A

ところどころに黒いガラスが見られる溶結凝灰岩（火成岩）。〈入道崎〉B

流れ模様が見える流紋岩（火成岩）。〈入道崎〉B

美しい模様をつくっている礫岩（堆積岩）。〈加茂青砂海岸〉C

宝石のような緑色の礫岩（堆積岩）。もとは凝灰岩だろう。〈加茂青砂海岸〉C

小さな球顆状の粒が見られる流紋岩（火成岩）。〈加茂青砂海岸〉C

これも宝石のように美しい緑と白の礫岩（堆積岩）。〈加茂青砂海岸〉C

男鹿半島データ 秋田県西部、日本海に突き出た小さな半島。もとは離れ島。

秋田県
No.15

米代川《よねしろがわ》大館《おおだて》市《し》の川原

見どころ 火山岩の安山岩・流紋岩と緑色凝灰岩。

採集場所 大館市十二所、葛原橋下左岩の川原。

参考地図 20万分の1地勢図「弘前」、2万5000分の1地形図「十二所」

大館市十二所付近は、米代川の上流域。チャートなどの堆積岩のほか、安山岩や流紋岩などの火山岩、それから緑色凝灰岩などの地質を流れ下ってくる。石ころの種類は多くない。変成岩は見あたらない。とはいっても、のどかな田園の景色のなかでのんびりと石ころひろいを楽しむにはうってつけの川原だ。

→JR花輪線沢尻駅から徒歩約5分、米代川にかかる葛原橋にたどりつく。

↑葛原橋から川を見下ろすと、橋の下に石ころの川原があることがわかる。

▼国道から葛原橋まで、実際には踏切を渡りまっすぐの道がある。地形図には記されていない。地形図が測量された平成13年よりもあとにつくられた新しい道だろう。（国土地理院発行2万5000分の1地形図「十二所」平成13年修正測量）

↑車であれば、葛原橋のわきに駐車スペースがある。

←中州の川原の石ころのほうが泥で汚れていない。

↑橋の下をくぐって、米代川左岸の川原に出る。

約200万年前、海底火山の活動での噴出物。北海道東部から日本海側に多い。グリーンタフと呼ばれる緑色凝灰岩(堆積岩)。

安山岩(火成岩)。淡い灰色の石基に白色の斑晶がところどころにちらばっている。

シルト岩(堆積岩)。カッターの刃先で簡単に傷がつくやわらかな石ころ。

安山岩(火成岩)。黒灰色の石基に白い斜長石の斑晶が無数に見られる。

デイサイト(火成岩)。やや黄土色がかった白い石基に、白い斑晶がまじっている。

泥岩のようだが、カッターの刃先で傷がつかない硬い石ころ。チャート(堆積岩) だろう。

泥岩(堆積岩)。表面がなめらか。粒は肉眼では見られない。

流紋岩(火成岩)。灰色の石ころ。うっすらと流れ模様がある。

丸みを帯びたさまざまな小さな礫がまじった礫岩(堆積岩)。

米代川データ 水源:秋田・岩手・青森の3県にまたがる奥羽山脈の中岳
流路全長:136㎞　河口:秋田県能代市で日本海にそそぐ。

山形県
No.16

鶴岡《つるおか》市《し》温海《あつみ》の海岸・早田《わさだ》の海岸

見どころ 温海の粗粒玄武岩と早田の流紋岩。

採集場所A 鶴岡市温海の海岸。 **採集場所B** 鶴岡市早田の海岸。

参考地図 20万分の1地勢図「村上」、2万5000分の1地形図「温海」「鼠ヶ関」

山形県の温海海岸一帯は、玄武岩マグマが地表近くで固まった粗粒玄武岩の岩の海岸が連なる。地表に流れ出た玄武岩と違って鉱物の結晶が大きい。立岩では、海底で噴出した玄武岩のマグマが、海水で急に冷やされてできた、角材を積み重ねたような柱状節理が見られる。さらに、塩俵を積み重ねたような粗粒玄武岩の節理も見られ、景勝を楽しみに訪ねるのもよい。

↓鶴岡市温海暮坪の国道7号線ぞいに、粗粒玄武岩でできた塩俵石の岩がある。

→放射状に積み重なった塩俵石。このそばの小さな海岸で、石ころの採集ができる。

↓塩俵岩から200m南には、立岩と呼ばれる高さ51mの奇岩が立っている。この岩も粗粒玄武岩でできている。

↓立岩からさらに南へ10km、早田の海岸がある。波打ち際に白い流紋岩の岩がならんでいる。この海岸では、流紋岩をはじめ美しい石ころが採集できる。

▲20万分の1地勢図は、車で石ころ採集地をめぐるときに、大まかな地形を確かめるのに役に立つ。列車ならば車窓から景色と地図を見くらべるのにとても便利である。（国土地理院発行20万分の1地勢図「村上」平成18年修正）

粗粒玄武岩(火成岩)。「粗粒」という名の通り、普通の玄武岩にくらべて鉱物の結晶が大きい。A

きれいな絣模様の斑れい岩(火成岩)。白い鉱物は斜長石、黒い鉱物は輝石。A

砂粒がそろった砂岩(堆積岩)。石ころの右下に、小さな沸石の結晶がついている。A

片理という平行な縞模様が特徴の結晶片岩(変成岩)。B

チャート(堆積岩)。丸みをもたないで割れたときの形がそのまま残っている。B

粗粒玄武岩(火成岩)。ごく小さな沸石の白い結晶が、ところどころに入っている。B

手触りがつるつるした褐色の縞模様が入った流紋岩(火成岩)。B

礫岩(堆積岩)。さまざまな礫が組み合わさった自然の芸術。B

五十川海岸データ 酒田市の南、およそ50kmの日本海に面した海岸。温海温泉がある。

宮城県
No.17

名取川仙台市《なとりがわせんだいし》の川原

見どころ ゼオライトという名のモルデン沸石。
採集場所 仙台市。
参考地図 20万分の1地勢図「仙台」、2万5000分の1地形図「仙台西南部」

ゼオライトは、沸石類と呼ばれる鉱物。例えば、モルデン沸石といえば毛状の結晶を思い浮かべるが、ここで見られるのは白色の陶土のような岩石。吸湿性があり、なめると舌が吸いつくような感じがする。そのため、吸着材料や水処理などに使われている。名取川の上流に、ゼオライトの採掘鉱山がある。

▲秋保温泉から下流の川原であれば、ゼオライトの石ころを採集できる。仙台南IC下の川原は下りやすい。なお、20万分の1地勢図「仙台」ならば、名取川のすべての流路を見渡せる。（国土地理院発行2万5000分の1地形図「仙台西南部」平成19年更新）

↓仙台南IC下の名取川の川原。白っぽい石ころが多い。

ゼオライトの石ころ。水をたらすと、すぐに吸収する。

デイサイト（火成岩）。ほとんどが、斜長石や石英などの白っぽい鉱物。

砂岩（堆積岩）。細かな白い砂粒。この石ころも水をよく吸う。

名取川データ 水源：仙台市の神室山　流路全長：55㎞　河口：仙台市と名取市の境で仙台湾にそそぐ。

福島県 No.18 鮫川《さめがわ》いわき市《し》の川原

見どころ 変成岩の角閃石片岩。

採集場所 いわき市遠野町滝。

参考地図 20万分の1地勢図「白河」、2万5000分の1地形図「上平石」

鮫川は、阿武隈高地の花崗岩帯と変成岩帯の両方の地形を流れ下るので、川原の石ころの種類は多い。川原の転石の中から、ペグマタイトという巨晶の花崗岩のほか、水晶、石榴石、クジャク石などの鉱物を見つけることもある。

▼いわき市遠野町滝付近はやや平坦な地形を流れるので、鮫川の中でも石ころが広がる川原にめぐまれている。なお、20万分の1地勢図「白河」ならば、鮫川のすべての流路を見渡せる。（国土地理院発行2万5000分の1地形図「上平石」平成12年修正測量）

→上流の石川町には、鮫川流域の岩石や鉱物のことが詳しくわかる石川町立歴史民俗資料館がある。

↓いわき市遠野町滝の鮫川の川原。

角閃石片岩（変成岩）。黒っぽい灰色でしかも緑色がかっている。細かな縞状。ルーペでのぞくと、角閃石が針状に黒く光っている。

遠野町滝の川原の石ころ。ほとんどが変成岩である。ここでは、花崗岩は見あたらない。

鮫川データ 水源：福島県鮫川村　流路全長：65㎞　河口：いわき市で太平洋にそそぐ。

群馬県 No.19

利根川《とねがわ》・吾妻川《あがつまがわ》渋川市《しぶかわし》の川原

見どころ	利根川の花崗岩と吾妻川の凝灰岩。
採集場所A	渋川市赤城町樽付近、利根川左岸の川原。
採集場所B	渋川市川島付近、吾妻川北群馬橋上流右岸の川原。
参考地図	20万分の1地勢図「宇都宮」「長野」、 2万5000分の1地形図「鯉沢」(利根川)「金井」(吾妻川)

利根川は、東北自動車道の橋から上流でないと石ころがひろえる川原はない。熊谷市から上流であれば、泥で汚れていない石ころが手に入る。渋川市赤城町樽付近は、川原にはひと抱えもあるような大きな石がごろごろしているが、そんな石ころの間に集まっている小石を採集できる。渋川市川島付近の吾妻川の石ころ採集地Bは、利根川の石ころ採集地Aよりも流路の傾斜があるので流れも強い。危険だから、不用意に流れに入らないこと！

←渋川市川島付近の吾妻川の川原。川の上流に上越新幹線の橋梁が見える。岸から離れた場所の石ころが泥で汚れていない。

↑渋川市赤城町樽付近の利根川の川原。流れのなかは大きな石が多い。前方に子持山が見える。

◀利根川と吾妻川の合流地点を基点に、ふたつの川の流路を確かめるのに20万分の1地勢図が役に立つ。利根川の川原からも、吾妻川の川原からも、北側にそびえる子持山が見える。(国土地理院発行20万分の1地勢図「宇都宮」平成22年修正、「長野」平成17年要部修正)

↓渋川市の利根川(右)と吾妻川(左)の合流点。

利根川で採集した石ころを川原にならべた。花崗岩をはじめとする火成岩が多い。いわゆる結晶片岩は見られない。A

安山岩（火成岩）。赤茶けた石基に斜長石の斑晶がちらばっている。A

安山岩（火成岩）。灰色の石基に、白の斜長石。細かな穴が無数にあいている。A

花崗岩（火成岩）。赤みを帯びた白い結晶はカリ長石。A

凝灰岩（堆積岩）。灰色の火山灰のほか、さまざまな火山礫がまじっている。A

蛇紋岩（変成岩）。表面がぬめぬめしている。かんらん岩が水の作用で変成したもの。A

ホルンフェルス（変成岩）。角ばっている。紫がかっていて、ごく細かな穴が無数についている。A

吾妻川の石ころ。安山岩や凝灰岩のほか、緑色岩が見られる。浅間山や白根山、さらに榛名山などからの火山噴出物が多い。B

利根川データ 水源：新潟県と群馬県の県境の大水上山　流路全長：322km　河口：茨城県と千葉県の県境から太平洋にそそぐ。

吾妻川データ 水源：新潟県と群馬県の県境の鳥居峠　流路全長：76.2km　合流：群馬県渋川市で利根川と合流。

群馬県 No.20

利根川水系

渡良瀬川《わたらせがわ》みどり市《し》・桐生市《きりゅうし》の川原

見どころ 「桜石」とよばれるホルンフェルスの石ころ。

採集場所A みどり市東町荻原付近の右岸の川原。

採集場所B 桐生市、昭和橋下右岸の川原。

参考地図 20万分の1地勢図「宇都宮」、2万分5000分の1地形図「足尾」「上野花輪」「桐生」

高温のマグマに触れてもとの岩石が生まれ変わったのがホルンフェルス。渡良瀬川の川原でひろえるホルンフェルスには、菫青石という鉱物が変化して雲母となった桜の花びらをちりばめたような模様が入っているものがある。そのため水石愛好者から桜石とよばれる。この桜石の生まれ故郷ともいえる露頭は、上流の栃木県日光市足尾町の原向駅から徒歩15分くらいの右岸にある。

↓原集落から100m上流にさかのぼると、桜の花びらのような模様がついた岩の露頭がある。

▼桜石の露頭は原の集落の近くにある。みどり市の石ころ採集地Aと桐生市の石ころ採集地Bの位置を20万分の1地勢図で確かめよう。桐生市よりも下流でも、桜石を採集することは可能。(国土地理院発行20万分の1地勢図「宇都宮」平成22年修正)

→原集落付近、渡良瀬川右岸への下り口。

↓東町荻原付近の川原にころがっていた桜石。

→みどり市東町荻原付近の右岸の川原。流れを背にして川原を見た。

↓昭和橋下の川原で採集した桜石。

↓昭和橋下右岸の川原。大きな石ころの間や下を探す。

桜石とよばれる渡良瀬川のホルンフェルス（変成岩）。片手で持つと、ずっしりと重さがわかる、長径 130㎜ほどの大きな石ころ。A

桜石（変成岩）。丸くきれいにみがかれた石ころが多い。（長径115㎜）B

花崗岩（火成岩）。「沢入みかげ」と呼ばれる花崗岩。上流に採石場がある。A

割れ口が残っているチャート（堆積岩）。硬いのでなかなか丸い石ころとならない。B

黄土色がかった灰色の石ころ。白い斑晶は斜長石か。デイサイト（火成岩）。B

赤茶けた細かな石基と白い斑晶がたくさんちりばめられた安山岩（火成岩）。B

昭和橋下の小石。左上は桜石、真ん中の赤っぽい小石はチャート、右下の灰色の石ころは安山岩。（右下の長径 40㎜）B

火山灰といろいろな大きさの礫がまじった火山礫凝灰岩（堆積岩）。A

渡良瀬川データ
水源：栃木県と群馬県の県境の皇《す》海《かい》山《さん》　流路全長：107.6㎞
合流：茨城県古河市と埼玉県加須市の境で利根川と合流。

群馬県 No.21

利根川水系

三波川藤岡市《さんばがわふじおかし》の川原

見どころ さまざまな変成岩。

採集場所 藤岡市鬼石《おにし》、大奈良集落下の川原。

参考地図 20万分の1地勢図「宇都宮」「長野」、2万分5000分の1地形図「鬼石」

三波川は、利根川水系のいちばん源流に近い支流。小さな川だが、川の流域は変成岩の研究が日本ではじめて行われた地である。そのため、三波川は、日本の変成岩の代表的なものが見られる模式地域として、極めて重要な川となっている。三波川が合流する神流川にもこの変成岩帯の「三波石」が見られるが、庭石などに持ち出されて景観が変わってしまった。現在は、国指定の天然記念物となって、神流川の岩石の持ち出しは禁止されている。

↓平滑集落の石垣は、すべて三波川の変成岩が積み上げられている。地形図でも護岸の記号で石垣が記されている。(C)

↓大奈良集落付近に、川原に下りるコンクリートの階段がある。(B)

↑三波川の水源となる東御荷鉾山。手前の山々はすべて結晶片岩でできている。

↑県道沿いの月吉～大奈良間の変成岩の露頭。三波川変成帯でよく見られる緑色を帯びた結晶片岩だ。(A)

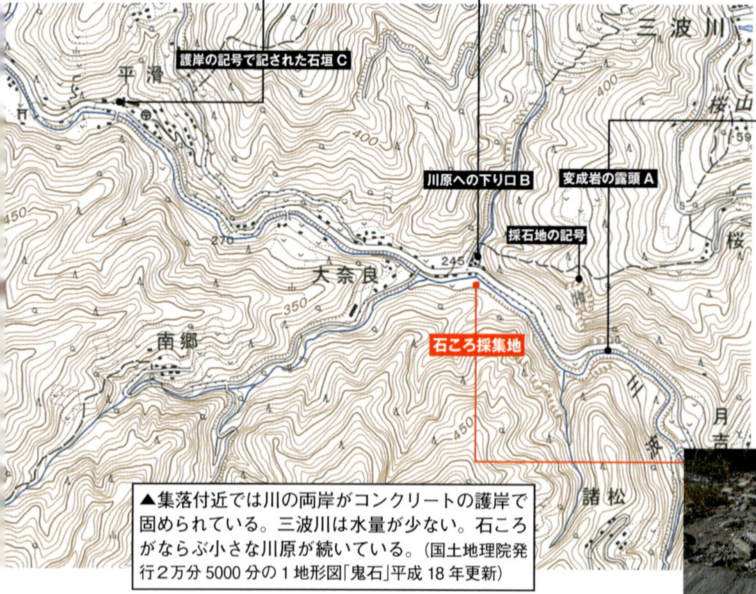

▲集落付近では川の両岸がコンクリートの護岸で固められている。三波川は水量が少ない。石ころがならぶ小さな川原が続いている。(国土地理院発行2万分5000分の1地形図「鬼石」平成18年更新)

↓川原には緑色がかった結晶片岩の岩盤がむき出しになっている。岩盤がとぎれたところに石ころが集まっている。

石ころ採集地で集めた石ころ。三波川変成帯の変成岩である。ほとんどの石ころが平べったい。蛇紋岩と石灰岩も見られる。

石英と雲母のうすい層を幾層にも重ねた褐色の結晶片岩（変成岩）。

緑っぽい結晶片岩（変成岩）。光にかざすと、表面の雲母がきらりと光る。

緑色のうすべったく割れた結晶片岩（変成岩）。

白っぽいぬめりがついている蛇紋岩（変成岩）。

緑色岩（変成岩）に石英の脈がついている。

真っ白な粉をふいたような石灰岩（堆積岩）。

曹長石の小さな粒がまじっている緑色片岩（変成岩）。

三波川データ 水源：東御荷鉾山　流路全長：8.2km　合流：藤岡市鬼石で神流川に合流。さらに神流川、烏川をへて利根川に合流。

群馬県
No. 22

利根川水系

鏑川《かぶらがわ》藤岡市《ふじおかし》の川原

見どころ 安山岩と結晶片岩。

採集場所 藤岡市の上越新幹線橋梁から上流300mの右岸の川原。

参考地図 20万分の1地勢図「宇都宮」、2万分5000分の1地形図「高崎」

たくさんの種類の石ころが欲しければ、できるだけその川の下流で採集するといい。そこで、鮎川との合流地点から500mほど下流の川原で石ころ採集を行なった。鏑川は、火成岩、堆積岩、変成岩とさまざまな種類の石ころを見ることができる楽しい川だ。砂岩のほか、安山岩と結晶片岩が極めて多い。地質図で調べると、安山岩は荒船山付近から流れてきたのだろうか。結晶片岩や緑色岩は南の三波川変成岩帯から運ばれたものだろう。

←川原に出た。落葉樹やアシの原を地形図で位置を確かめよう。

→下流の橋梁を新幹線の列車が走りぬけていく。石ころ採集地点の位置がこれで確認できた。

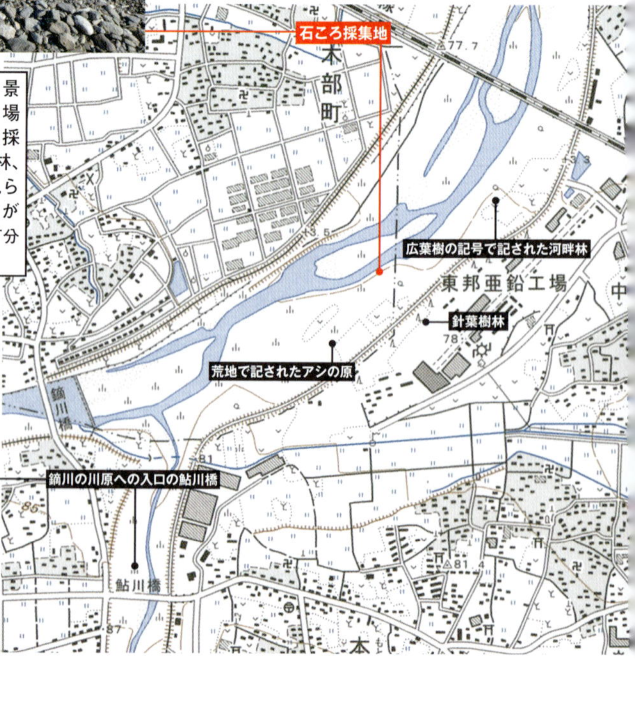

▶地形図を手に川原に入るときには、景色と地形図を見くらべながら進めば、場所を間違えることはまずない。石ころ採集地までの植生をたどると、針葉樹林、荒地、広葉樹林、畑などの記号が見られるので、景色と地形図を見比べながら川原に入ろう。（国土地理院発行２万分5000 分の１地形図「高崎」平成 22 年更新）

↓地形図と見くらべよう。鏑川の石ころ採集地へは、鮎川の鮎川橋のわきから堤防伝いに進めばよいことがわかる。

うすいピンクの結晶片岩。紅れん石片岩（変成岩）だろう。

結晶片岩（変成岩）。平べったい石ころなのに、白っぽい層と黒っぽいうすい層が幾層も重なっている。

緑色岩（変成岩）。丸く平べったい石ころだが、ずっしりと重い。

安山岩（火成岩）。茶色っぽい石基に白い斑晶がちりばめられている。石の表面がざらざらしている。

安山岩（火成岩）。黒色っぽい石基に斜長石の大きさの違う斑晶がちりばめられている。

石英斑岩（火成岩）。いびつな球形。赤っぽい結晶と白っぽい結晶がまじっている。細かな結晶も見られる。

流紋岩（火成岩）。薄紫をした白っぽい石ころ。斑点状の白い鉱物も見られる。

チャート（堆積岩）。表面がしわくちゃ。白い筋は石英。

礫岩（堆積岩）。黒っぽいいろいろな礫が組み合わさっている。表面はなめらか。

石灰岩（堆積岩）。灰色の地に白い粉を少しまぶしたような石ころ。

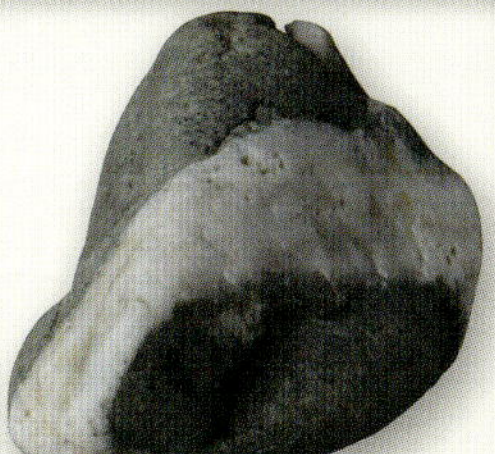

緑色岩（変成岩）に石英の脈がついている。

鏑川データ 水源：群馬県と長野県の県境の矢川峠付近　流路全長：53.7㎞　合流：鮎川が合流したあと、高崎市阿久津町で烏川に合流。烏川はこのあと利根川に合流。

栃木県 No.23

利根川水系

鬼怒川《きぬがわ》小山市《おやまし》の川原

見どころ 火成岩と堆積岩の形と姿を楽しもう。

採集場所 小山市の中島橋下流200mの右岸の川原。

参考地図 20万分の1地勢図「宇都宮」、2万分5000分の1地形図「下館」

国土交通省の日光砂防事務所による鬼怒川源流域の地質の解説によれば、源流の鬼怒沼山付近は火山岩地帯、もうひとつの源流の亭釈山付近は堆積岩で覆われそこに花崗岩のマグマが貫いていて、さらにその上に流紋岩などが覆っているという。これら源流の地質を反映して、下流の小山市付近の鬼怒川の川原では、変成岩以外はさまざまな種類の石ころが見られる。

↓小山市中島橋下流の川原。車が入れるので、川原の石ころは踏み固められているところが多い。

↓川原の石ころ。鉄分で酸化した石ころが多い。

↓流れの岸寄りは泥が堆積して草が生えている。石ころ採集は、岸から離れた堤防よりで行う。

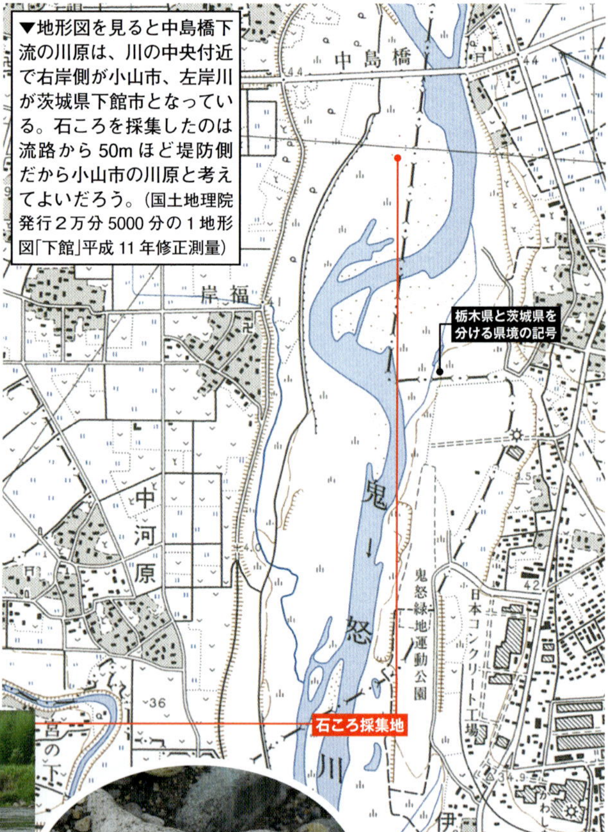

▼地形図を見ると中島橋下流の川原は、川の中央付近で右岸側が小山市、左岸川が茨城県下館市となっている。石ころを採集したのは流路から50mほど堤防側だから小山市の川原と考えてよいだろう。（国土地理院発行２万分5000分の１地形図「下館」平成11年修正測量）

←こんな石英斑岩（火成岩）の大きな石ころも見られる。花崗斑岩かも。

鳥の嘴みたいな礫岩(堆積岩)。

礫岩(堆積岩)。大小さまざまな礫がからみあっている。

頁岩《けつがん》(堆積岩)。割れ目がついているやや平べったい石ころ。

角が少し丸みを帯びてきたチャート(堆積岩)。

砂岩(堆積岩)。黒っぽい砂粒のかたまり。少し礫もまじる。

凝灰岩(堆積岩)。灰色のやわらかな丸みを帯びた石ころ。

表面に穴がたくさんいた黒色の玄武岩(火成岩)。白色の細かな鉱物は斜長石か。

流紋岩(火成岩)。白地にうっすらと褐色の模様がついている。

凝灰岩(堆積岩)。細かな礫がちりばめられた紫色っぽい灰色の石ころ。

棒状の角閃石の結晶が目立つ。白っぽい部分は、細かな斜長石の結晶でできた閃緑岩(火成岩)。

流紋岩と同じような白っぽい石ころ。石英の結晶が目立つので石英斑岩(火成岩)。

鬼怒川データ 水源：栃木県日光市の鬼怒沼と鬼怒沼山　流路全長：40.6㎞
合流：茨城県県守谷市で利根川に合流。

茨城県 No.24 久慈川《くじがわ》常陸大宮市《ひたちおおみやし》の川原

見どころ 片麻岩をはじめとする変成岩と花崗岩。

採集場所 常陸大宮市山方の右岸の川原。

参考地図 20万分の1地勢図「白河」「水戸」、2万分5000分の1地形図「山方」

久慈川の東側の阿武隈山地は変成岩と、のちにこの変成岩に貫入した花崗岩類の地質。西側の八溝山地とそのまわりは、砂岩、頁岩、チャート、凝灰岩など2億年も前の地質。阿武隈山地と八溝山地の間には久慈山地があり、2000万分年前日本列島を形づくる海底火山活動による噴出物が堆積した地質。これらの地質を流れる久慈川の下流の川原には、さまざまな石ころが流れ下っていることがわかる。

←山方宿から18㎞ほど上流の支流滝川に、日本三大滝のひとつ袋田の滝がある。滝が凍る厳冬の頃がいちばん迫力あるだろう。

→水戸と郡山を結ぶJR水郡線の山方宿駅。郡山行き列車が到着した。

▲JR水郡線の山方宿駅から5分ほどで久慈川の川原に入れる。川原の手前に淡水魚館があり、そこで久慈川にすむ魚たちに会うこともできる。石ころひろいだけでなく、地形図に記されている記号と景色を見くらべる楽しみも体験しよう。（国土地理院発行2万分5000分の1地形図「山方」平成19年更新）

←川原に出る手前に、水族館の淡水魚館がある。

↓淡水魚館のすぐ裏に、久慈川の川原がある。石ころがきれいな川原だ。

←川原で遊ぶ人が多い。川原には、石ころに描いた絵が残されていた。

斑れい岩（火成岩）。黒っぽいころころした鉱物は輝石。黒い柱状の結晶も見られるが、これは角閃石なのだろうか。

角閃岩（変成岩）。変成作用でできた暗緑色の結晶がならんでいる。花崗岩は、変成岩に貫入したときのものかもしれない。

手触りがすべすべした花崗岩（火成岩）。ひとつひとつの結晶が大きく、石ころの表面がよくみがかれている。

チャート（堆積岩）。小さなひびが入った石ころ。石英のかたまりだ。

片麻岩（変成岩）。白い粒と黒い粒が縞模様にならんでいる平たい石ころ。

結晶片岩（変成岩）。片理と呼ばれる平行な面が見られる。

砂岩（堆積岩）。砂粒のそろった美しい石ころだ。

砂岩（堆積岩）。堆積したときの砂の模様が残された石ころ。

ホルンフェルス（変成岩）。渡良瀬川の桜石と同じ花びら模様。久慈川でも桜石に出会えた！

ホルンフェルス（変成岩）。細かいけれど、桜模様がたくさんちりばめられている。

久慈川データ
水源：福島県、栃木県、茨城県の県境にある八溝山　流路全長：124km
河口：茨城県日立市の南で太平洋にそそぐ。

埼玉県
No.25

荒川《あらかわ》皆野町《みなのまち》・寄居町《よりいまち》の川原

見どころ 蛇紋岩と結晶片岩。

採集場所A 皆野町、栗谷瀬《くりやせ》橋の下流、右岸の川原。 **採集場所B** 寄居町、八高線鉄橋上流の左岸。

参考地図 20万分の1地勢図「宇都宮」、2万分の5000分の1地形図「皆野」

埼玉県皆野町から長瀞町をへて寄居町付近まで、荒川の川原にはさまざまな結晶片岩や蛇紋岩の巨岩が露出している。川原にも変成岩の石ころが多く見られる。特に、長瀞付近の川原には結晶片岩の岩がむき出しになっていて壮観。ただし、長瀞は名勝・天然記念物となっていて、岩をハンマーで叩き割ったり、石ころの採集をしたりはできない。皆野町の栗谷瀬橋(A地点)から親鼻橋の間の川原や、これより下流の寄居町の八高線鉄橋付近の川原(B地点)で石ころひろいを楽しもう。

↓A地点の皆野町栗谷瀬橋下流の右岸の河原。蛇灰岩の岩が川原にむき出しになっている。

↑B地点の寄居町八高線鉄橋上流の左岸の川原。丸くみがかれた小石が多い。

↑かんらん岩の岩に緑泥石がついた岩もむき出しになっている。(A地点)

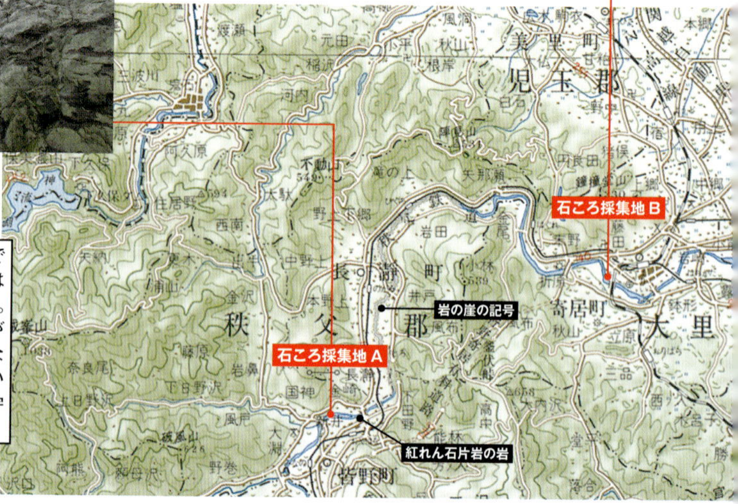

▶20万分の1地勢図では、川沿いの小さな崖は省略されることが多い。長瀞付近に崖の記号が続いているのは、大きな崖があることを示している。(20万分の1地勢図「宇都宮」平成22年修正)

蛇紋岩（変成岩）。蛇紋岩は、もともとはかんらん岩。割れたときのままの形を残している。繊維を束ねたような部分がある。A

蛇紋岩（変成岩）。ぺらぺらと平らに割れやすい石ころだ。表面はすべすべしている。A

蛇灰岩（変成岩）。鳩の糞にまみれたような石ころ。白い部分は方解石という鉱物が網目状に入り込んだもの。鳩糞石。A

結晶片岩（変成岩）。平たく灰色。平たい面を残して割れる。A

礫岩（堆積岩）。蛇紋岩の細かな礫が集まった石ころ。B

結晶片岩（変成岩）。美しいピンク色の石ころ。紅れん石片岩と呼ばれる。B

緑色岩（変成岩）。黒っぽい緑色。手触りはややざらつく。大きさの割にずっしりと重い。B

チャート（堆積岩）。小さなひびがいくつもついている。奥秩父から運ばれたのだろう。B

石灰岩（堆積岩）。灰色の地に糸を巻いたような白い線がついている。A

荒川データ
水源：埼玉県甲武信ヶ岳　流路全長：173km
河口：東京都北区で隅田川と分流し東京湾にそそぐ。

東京都
No.26

多摩川《たまがわ》青梅市《おうめし》から国立市《くにたちし》までの川原

見どころ チャートと石灰岩。

採集場所A 青梅市御岳、御岳橋上流左岸の川原。 **採集場所B** 青梅市友田町の右岸の川原。

採集場所C 昭島市多摩大橋下流右岸の川原。 **採集場所D** 国立市石田大橋上流の左岸の川原。

参考地図 20万分の1地勢図「東京」、2万分5000分の1地形図「拝島」

地質図で調べると、多摩川の流域は、そのほとんどが砂岩、泥岩、礫岩、チャート、石灰岩などの堆積岩。20万分の1日本シームレス地質図の説明では、上流の北側には中生代の約2億年前から1億4000万分年前のジュラ紀の地層が、南側にはそれよりも新しい中生代約1億年前から6500万分年前の白亜紀の地質が広がっているとある。源流付近に花崗岩の地質があるが、川原では花崗岩類の石ころはごくまれにしか見られない。

→青梅市友田町の右岸の川原。石灰岩が目につく。(B地点)

▼青梅市から扇状地が広がっている様子が、20万分の1地勢図だとはっきり確認できる。多摩川は扇状地の南のへりを流れている。(国土地理院発行20万分の1地勢図「東京」平成17年要部修正)

青梅市御岳、御岳橋上流左岸の川原。チャートの岩が川原につきだしている。(A地点)

←昭島市多摩大橋下流右岸の川原。川沿いの小さな土の崖のなかから丸いチャートを掘り出す。(C地点)

→国立市石田大橋上流左岸の川原。角ばったチャートが多い。(D地点)

角が丸くなっていないチャート(堆積岩)。細かなひびがたくさん入っている。D

丸くみがかれた宝石のような小粒のチャート(堆積岩)。このチャートが掘り出せる地層は、300万分年〜70万分年前という。運ばれて丸くみがかれているので、この時代よりもはるかに古い石だろう。C

ほとんどが石英のかたまりのチャート(堆積岩)。D

礫岩(堆積岩)。頁岩と石灰岩の礫が集まっている。D

礫岩(堆積岩)。砂粒に角張った黒色の頁岩が入っている。B

石灰岩(堆積岩)。多摩川のどこの川原でも見つけられる。B

砂岩(堆積岩)。黄土色の小さな粒がそろった石ころ。B

凝灰岩(堆積岩)。灰色っぽい緑色の石ころ。A

多摩川データ 水源：山梨県と埼玉県の県境にある笠取山　流路全長：138㎞
河口：東京都大田区と神奈川県川崎市の境で東京湾にそそぐ。

東京都
No.27

多摩川水系

秋川《あきかわ》あきる野市《のし》の川原

見どころ チャートと石灰岩。

採集場所 あきる野市山田、山田大橋下の左岸の川原。

参考地図 20万分の1地勢図「東京」、2万分5000分の1地形図「拝島」

多摩川最大の支流。秋川は、多摩川の南側と同じ秩父帯と呼ばれる地層を流れ下る。ほとんどが、チャート、砂岩、礫岩、石灰岩などの堆積岩。流れの水質はきれいで、夏は水遊びの格好の川となっている。

▼蛇行する流れの内側に、砂礫地で記された石ころの川原が続く。左岸には岩の崖が続いている。右岸の道路と川原の間に等高線が3本もあるので、道路と川原の高低差は30mほど。（国土地理院発行2万分5000分の1地形図「拝島」平成19年更新）

→山田大橋下の左岸は、擁壁の記号で記された低い護岸になっている。階段があるので、そこから川原に下りられる。

↓山田大橋付近の秋川の岸寄りの透き通った水。石灰岩やチャートがすぐに目に入る。

↓頭上をまたぐ山田大橋の下が石ころ採集地。

→川原に横たわっていた長径40㎝もある石英閃緑岩（火成岩）。

赤茶けた四角い形のチャート（堆積岩）。

チャート（堆積岩）。チャートの礫が集まっているので礫岩といってもいいかもしれない。

巻貝のような黒っぽい砂の模様がついた砂岩（堆積岩）。

粒がそろった砂岩（堆積岩）。小さな黒い礫は頁岩。

石英の細い脈が入った砂岩（堆積岩）。

縞状の層が圧力をかけられ、しわくちゃになった千枚岩（変成岩）。

白いおむすびに青のりをまぶしたような石英閃緑岩（火成岩）。

黒っぽい砂と灰色っぽい砂が層をつくっている砂岩（堆積岩）。小さな断層も。

白い粉をまぶしたような石灰岩（堆積岩）。

ひびが入った石灰岩（堆積岩）。

うすい層が幾層にも積み重なっている千枚岩（変成岩）。

砂岩と黒い頁岩の礫がまじった礫岩（堆積岩）。

秋川データ
水源：東京都と山梨県の県境の三頭山　流路全長：37.6km
合流：東京都のあきる野市、八王子市、福生市、昭島市付近で多摩川に合流

千葉県 No.28

房総半島《ぼうそうはんとう》八岡《ようか》海岸

見どころ 斜灰簾石が入ったピンク色の石ころと斑れい岩。

採集場所 鴨川市鴨川漁港南側の海岸。

参考地図 20万分の1地勢図「大多喜」、2万分5000分の1地形図「鴨川」

地質の変化に乏しいといわれる千葉県のなかで、鴨川周辺、特に八岡海岸は変化に富んだ地質現象が見られる。ここだけに玄武岩や斑れい岩などの火成岩が見られ、さらに蛇紋岩といった変成岩の石ころまで採集できる。その上、メノウ、沸石、斜灰簾石といった鉱物の入った石ころまでひろえる。漁港の南側の海岸は、規模は小さいがさまざまな石ころがたくさん採れるので、何度訪ねても期待に胸がふくらむ。

→鴨川漁港と岩の島。右側は枕状玄武岩でできた弁天島。左側は凝灰岩でできた荒島。写真では見えないが、堤防の外側に結晶片岩の岩がある。

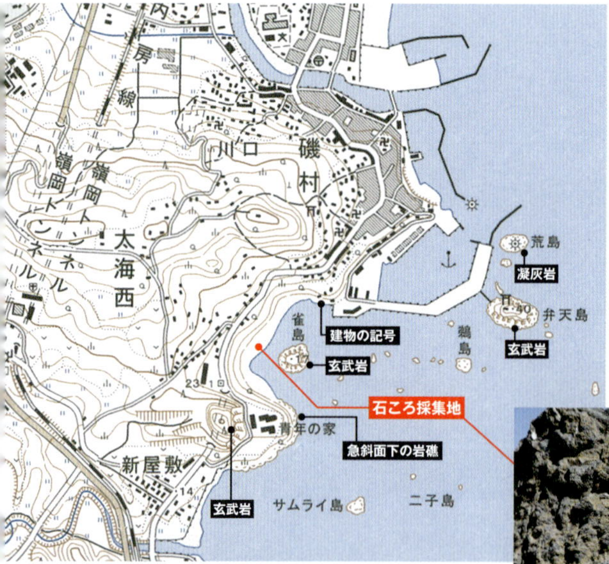

▼漁港南側の人家のわきの道を通り海岸に出る。地形図には道路は記されていないが、建物(■)の記号があれば道路は必ずある。(国土地理院発行２万分5000 分の 1 地形図「鴨川」平成 18 年更新)

↓青年の家の下の岩礁。前方の島は、地形図にある雀島。玄武岩でできている。

↓海岸にころがる、溶岩が崩れて再び固まったピロープレッチャと呼ばれる大きな岩。

←鴨川の漁港の堤防から、谷岡海岸を見渡す。左後方の岩山は、海中に噴出して急冷された玄武岩の枕状溶岩でできている。

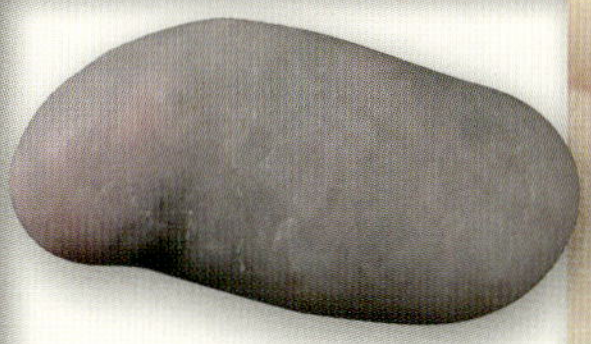

斜灰簾石が入ったピンク色の石ころ。斜灰簾石はもともと緑っぽい鉱物だが、マンガンを含むとこのようなピンク色になるという。（長径 50㎜）

これも斜灰簾石が入ったピンク色の石ころ。（長径 30㎜）

斑れい岩（火成岩）。短冊状の大きな角閃石の結晶が入っている。

かんらん岩（火成岩）。表面が鉄分で酸化して褐色になっている。

かんらん岩（火成岩）や蛇紋岩（変成岩）の石ころ。

八岡海岸には蛇紋岩（変成岩）をはじめ緑っぽい石ころが多い。

砂岩（堆積岩）。石英の細かな筋がいくつも入っている。

玄武岩（火成岩）。青年の家の下の岩礁の間にころがっていた。斜面の上の採石あとの露頭は玄武岩だ。

八岡海岸データ 鴨川市鴨川漁港の南、長さ500mほどの小さな小石の浜。

神奈川県
No.29

三浦半島《みうらはんとう》三浦市《みうらし》毘沙門《びしゃもん》の海岸

見どころ クッキーのような砂岩。

採集場所 三浦半島の南端、三浦市南下浦町《みなみしたうらまち》毘沙門の海岸。

参考地図 20万分の1地勢図「横須賀」、2万5000分の1地形図「三浦三崎」

三浦半島の南端、東は剣崎から毘沙門の海岸をへて宮川湾、そして西の城ヶ島まで、岩礁と小さな浜が続く。「三浦・岩礁のみち」がありハイキングに訪れる人が多い。海岸一帯は、地質図を見ると、約1500万分年前～700万分年前に形作られた地層で砂岩などの堆積岩でできている。軽石や凝灰岩の層も見られる。傾いた地層がむき出しになっていて、地層の観察にはうってつけのフィールドである。ここでは、アーモンドをまぶしたクッキーのような石ころを採集しよう。

←地図中で示した岩礁の間の小さな浜。ここで石ころを採集した。

→剣崎の灯台。地図中、左下の灯台の記号は、灯台の通信塔。

▼地図中で破線で記された徒歩道は、危険な箇所はない。(国土地理院発行２万分5000分の１地形図「三浦三崎」平成18年更新)

←地図中で破線で記された海岸ぞいの徒歩道。

→剣崎の大きな砂岩の地層の崖。

海岸の岩礁地帯のスコリアが固まったむき出しの岩。
スコリアは、黒っぽい火山噴出物。

スコリアが固まった砂岩(堆積岩)。
まるでクッキーのようだ。

小さなへこみができた砂岩(堆積岩)。これもスコリアの砂岩。

細かな灰色の砂。少しスコリアがまじる砂岩(堆積岩)。

ひびが入っていて割れそうな砂岩(堆積岩)。やわらかい石だ。

粘土よりもややきめが粗い。シルト岩(堆積岩)。

小さなへこみがふたつついている砂岩 (堆積岩)。穿孔貝の巣穴あとだろうか。

長径 4cmほどの黒っぽい石ころ。大きさの割にずっしりと重い。玄武岩 (火成岩) だろう。この海岸ではめずらしい。

砂岩 (堆積岩) に石灰藻の方解石が覆った石ころ。

三浦半島毘沙門海岸データ
三浦半島南端、三浦市にある剣崎海岸から宮川湾にいたるまでの歩行距離十数kmの岩礁海岸の一部。

神奈川県
No.30

相模川《さがみがわ》相模原市《さがみはらし》の川原

見どころ 軽石凝灰岩と火山礫凝灰岩。

採集場所 相模原市高田橋上下流の左岸の川原。

参考地図 20万分の1地勢図「東京」「横須賀」、2万分5000分の1地形図「上溝」

富士五湖のひとつ山中湖に発し、山梨県では桂川と呼ばれる。津久井湖で丹沢山地からの道志川と合流し相模川と名を変える。上流北側では、四万分十帯と呼ばれる大きな堆積岩の地層があり、さらに花崗岩なども分布している。上流南側からは、丹沢山地をつくっている火成岩や凝灰岩が送られてくる。道志川からは、富士山からの玄武岩や丹沢山地からの石英閃緑岩も運ばれてくる。このなかで、とびぬけて特徴があるのが淡い斑点が目立つ軽石凝灰岩だ。

↓川原には、高田橋の左岸側から車で乗り入れることができる。

↓相模川の川原では、軽石凝灰岩の石ころがよく目につく。

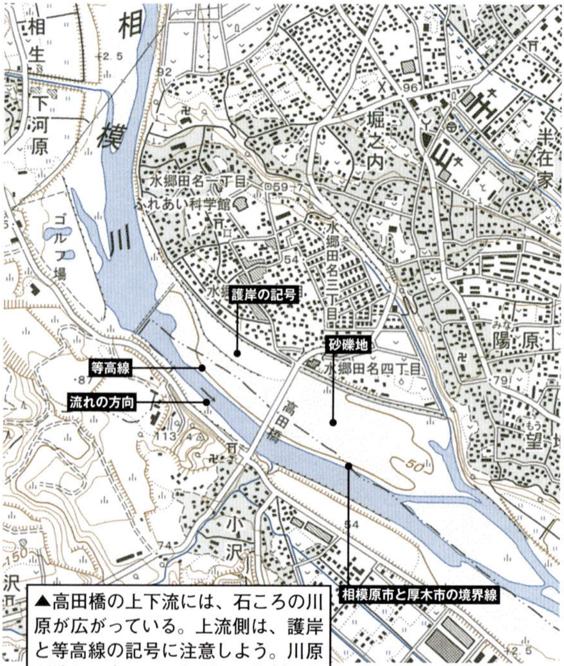

▲高田橋の上下流には、石ころの川原が広がっている。上流側は、護岸と等高線の記号に注意しよう。川原が流れに向かってなだらかな斜面となっている。（国土地理院発行２万分5000分の１地形図「上溝」平成19年更新）

↓橋の上流側は、護岸と等高線の記号があるように、傾斜があるので車は入ってこない。したがって、きれいな石ころがならんでいる。

↓橋の下流は平坦で、車が入ってくる。したがって川原の石ころも押しつぶされている。

白っぽい軽石がつまった緑っぽい石ころで、相模川それも高田橋付近でよく見られる軽石凝灰岩(堆積岩)。

凝灰岩(堆積岩)。細かな白っぽい斜長石を含む緑っぽい石ころ。

これも白っぽい軽石を多量に含む軽石凝灰岩(堆積岩)。

粗い結晶でできていて、石英やカリ長石を含んでいない。石英閃緑岩(火成岩)。

細かいが粒がそろっている。半透明の石英が目につくのでトーナル岩(火成岩) だろうか。

安山岩(火成岩)。繊維状の緑簾石がこびりついている。

黒色を帯びた小さな穴がたくさんあいた玄武岩(火成岩)。富士山で見たのと同じ岩石。

白っぽい大きな斑晶は斜長石。黒っぽい鉱物は輝石。石基は斜長石などの細かな結晶でできている。ひん岩(火成岩) だろうか。

紫を帯びた黒い石ころ。ごく細かな斑点が特徴のホルンフェルス(変成岩)。

礫岩(堆積岩)。白っぽい砂岩と黒色の頁岩の礫が集まっている。

相模川データ 水源：富士五湖のひとつ山中湖　流路全長：109㎞
河口：平塚市と茅ヶ崎市の境で相模湾にそそぐ。

神奈川県 No.31

酒匂川《さかわがわ》山北町《やまきたまち》・大井町《おおいまち》の川原

見どころ 大理石、そして玄武岩と石英閃緑岩。

採集場所A 山北町箒沢、箒沢公園橋バス停下の川原。

採集場所B 大井町西大井、足柄大橋下流の左岸の川原。

参考地図 20万分の1地勢図「東京」「横須賀」、2万分5000分の1地形図「中川」「小田原北部」

白っぽいトーナル岩の礫は丹沢の山のもので河内川を流れ下る。黒っぽい玄武岩の礫は富士山のもので鮎沢川を流れ下ってくる。合流して酒匂川となる。つまり、酒匂川下流の川原には、丹沢からの白い石ころと、富士山からの黒い石ころがならんでいる。これが酒匂川の特徴。もうひとつ、河内川には、原流に大理石が分布するので、大理石の石ころもころがっている。

←河内川の箒沢公園橋バス停と川原。橋の下流から川原に下りられる。

←手前の白い川原は河内川。対岸の川原の黒っぽい石は右から流れてきた鮎沢川のもの。ふたつの川はここで合流して酒匂川となる。

←白っぽいトーナル岩の多い川原。そのなかに大理石の小石を見つけた。

足柄大橋と下流の川原。左岸も右岸でも、石ころの川原が広がっている。

▼酒匂川は、丹沢方面の支流の河内川、富士山方面の支流の鮎沢川と合流。このあと足柄の山の裾野を流れる流路を20万分の1地勢図で確かめよう。(国土地理院発行20万分の1地勢図「東京」平成17年要部修正＋「横須賀」平成18年)

石灰岩がマグマの熱に触れて、石灰岩の炭酸カルシウムが方解石という鉱物の結晶に変身したのが大理石（変成岩）。結晶質石灰岩と呼ばれる。A

白っぽい鉱物が多いトーナル岩と黒っぽい鉱物が多い閃緑岩（火成岩）。A

角ばっていて、表面にごく細かな穴が無数についている。ホルンフェルス（変成岩）だ。A

白っぽい部分と灰色の部分がある。わずかに流れ模様がある。流紋岩（火成岩）。A

白い部分はほとんどが斜長石。石英閃緑岩（火成岩）。B

半透明の石英の結晶が目につく。トーナル岩（火成岩）。B

灰色がかった緑色。ガラス質のつるりとした石ころ。細粒凝灰岩（堆積岩）。B

ガスの抜けたあとの細かな穴が無数にある玄武岩（火成岩）。B

角閃石片岩（変成岩）。緑がかった黒い石ころ。変成作用を受けた縞があり一定方向に結晶がならんでいる。B

酒匂川データ 水源：富士山から鮎沢川、丹沢山地から河内川、合流して酒匂川
流路全長：46km（水源の富士山から）　河口：小田原市で相模湾にそそぐ。

神奈川県
No.32

二宮町《にのみやまち》袖《そで》ヶ《が》浦《うら》の海岸

見どころ 丸くみがかれたトーナル岩のほか酒匂川の石ころ。

採集場所 二宮町山西の袖ヶ浦の海岸。

参考地図 20万分の1地勢図「横須賀」、2万5000分の1地形図「小田原北部」

二宮町の袖ヶ浦海岸の南西方向25kmほどに、酒匂川の河口がある。沿岸流により、酒匂川から海に流れ出た石ころは、海岸線に沿って袖ヶ浦の海岸、さらには大磯町の海岸にまで見られる。河口付近の海岸では拳くらいの石ころが多いが、遠く離れるにつれ石ころは小ぶりになる。ただし、石ころの種類は、どの地点でも、酒匂川の川原で見かけた石ころと同じだ。

↓心泉学園の建物のわきをぬけると、西湘バイパスぞいの歩道に下りられる。

↓歩道を200mほど西に進むと、西湘バイパスの下をくぐる地下道がある。そこから袖ヶ浦の海岸に出られる。

← JR東海道線二宮駅から徒歩で15分。袖ヶ浦の海岸を見渡せる高台に出られる。道路は自動車専用の「西湘バイパス」。道路を徒歩で横断するわけにはいかない。

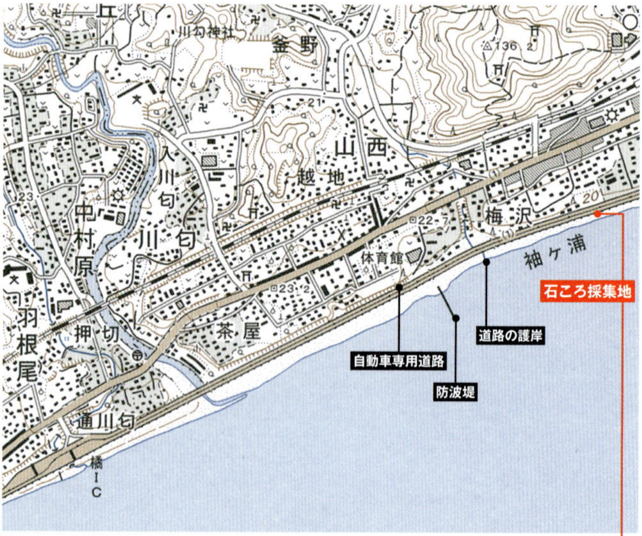

▲袖ヶ浦海岸は、海岸線が年ごとに後退して、砂浜の幅がせまくなっている。1本の防波堤が見える。幅が図上で0.3mm以下のものは、1条の黒線で描かれる。つまり、防波堤の幅は7.5m以下ということだ。(国土地理院発行2万分5000分の1地形図「小田原北部」平成18年更新)

↓西南方向を見渡した袖ヶ浦の海岸。海岸はせまいが、きれいな海の波にもまれて。石ころはとてもきれいだ。遠くに見えるのは海につきだした防波堤。

きれいな石ころを砂浜にならべた。白っぽいトーナル岩や黒や赤黒い玄武岩、緑色を帯びた凝灰岩、安山岩、流紋岩、ホルンフェルス、緑色岩などが見られる。大理石は見つからなかった。

灰色の凝灰岩（堆積岩）。デイサイトの礫や火山灰のかたまりか。

緑色っぽい凝灰岩（堆積岩）。赤色の礫は火山礫。

赤紫色の凝灰岩（堆積岩）。赤紫色の角ばった火山礫。酸化して赤みを帯びたのか。

きれいに丸くみがかれたトーナル岩（火成岩）。酒匂川の川原では、これほどきれいにみがかれた石ころは多く見られない。

ピンポン球のようにきれいな球形のやや赤みを帯びた花崗岩（火成岩）。

二宮町袖ヶ浦 海岸データ

水源：相模湾に面した小石と砂浜がまじった海岸。
高波の被害を食い止めるということで消波ブロックが投入され始めた。

山梨県
No.33

桂川《かつらがわ》大月《おおつき》市《し》の川原

見どころ さまざまな火成岩と堆積岩。

採集場所 大月市猿橋町、猿橋近隣公園下の川原。

参考地図 20万分の1地勢図「甲府」、2万5000分の1地形図「大月」

相模川の山梨県内の流路を「桂川」という。笹子川との合流点までの最上流の流域は、富士山の溶岩、火山礫、火山灰などでできている。さらに、流路の北側には泥岩や千枚岩、南側はおもに安山岩、流紋岩、玄武岩などの地層を流れ下る。したがって、変成岩は、千枚岩やホルンフェルスのほか、結晶片岩は見あたらない。とはいえ、火成岩や堆積岩の種類は多く、石ころひろいが楽しめる川原だ。

←国道20号線の10mほど下の猿橋近隣公園の駐車場。川原はさらに10m下にある。

→石ころ採集地点より300m下流にある天然記念物の猿橋(上)。橋の下の崖は凝灰角礫岩でできている。

↓駐車場の下は低い護岸なので、簡単に川原に下りられる。上流に支流の葛野《かずの》川をまたぐ中央自動車道の高架橋梁が見える。

▲猿橋には「∴」と記されている。天然記念物の記号だ。川の両側に岩の崖の記号がならんでいる。南側の崖は、約6000年前に富士山から流れ出た溶岩。(国土地理院発行2万5000分の1地形図「大月」平成6年修正測量)

←対岸にもきれいな石ころの川原があるが、水量のあるときには渡れない。

ところどころ白い粉をまぶしたような石灰岩(堆積岩)。

石灰岩(堆積岩)。石灰岩の白っぽい礫と灰色の礫でできているので礫岩だろうか。

凝灰岩(堆積岩)。白っぽい軽石を含んだ凝灰岩。表面がごつごつしている。

凝灰岩(堆積岩)。赤紫の凝灰岩の礫がはさまっている。

千枚岩(変成岩)。うすい平たい面が幾層にも積み重なった石ころ。

チャート(堆積岩)。少し角に丸みがついている。ひびが入っている。

玄武岩(火成岩)。ガスが抜けたあとの穴が無数にある。

安山岩(火成岩)。細かな灰色の石基に白い斜長石の斑晶が入っている。

石基の部分がやや粗い結晶。安山岩(火成岩)だろうか。

花崗岩(火成岩)。粒の粗い白っぽい鉱物と黒っぽい鉱物が集まっている。

石英閃緑岩(火成岩)。黒っぽい粒が多い。短冊形の角閃石もまじっている。

黄緑色の結晶の緑簾石という鉱物だろうか。細長い竹箒を小さくしたような形で集まっている。

桂川データ
水源：富士五湖のひとつ山中湖(神奈川県から相模川)　流路全長：53.4km(山梨県内)
河口：神奈川県の平塚市と茅ヶ崎市の境で相模湾にそそぐ。(相模川)

静岡県
No. 34

伊《い》豆《ず》半《はん》島《とう》縄《なわ》地《じ》の海岸

見どころ 石英脈の小さな穴のなかの水晶。

採集場所 伊豆半島東海岸、河津町縄地、縄地川河口の海岸。

参考地図 20万分の1地勢図「静岡」、2万5000分の1地形図「下田」

縄地というと、つい50年ほど前まで金の採掘が行われていた地域。縄地川沿いに家々が連なっているのは当時の名残だろうか。この縄地川の河口に小さなごろた石の浜がある。伊豆半島は、約60万年前、1000㎞も南の硫黄島付近の海底火山がプレートにのって北上、日本列島に衝突してできたという。浜の石ころは、火山活動の激しさを伝えてくれるものばかり。そのなかに、石英のかたまりの小さな穴のなかに、透明な小さな水晶が見られ、これがなんともかわいらしく美しい。

▲縄地の海岸の周辺は、ほとんどが高さ 30m 以上の岩の崖であることが、地形図で確かめられる。縄地の北に 1 ヵ所、崖下に下りられる道がある。(国土地理院発行 2 万 5000 分の 1 地形図「下田」平成 12 年修正測量)

↓地形図の A 地点から見渡した縄地川の河口の方向。

↓地形図で「⛩」の記号で記されている子安神社。

↓縄地のごろた石の海岸。

小さな穴がある石英の脈岩の石ころ。

小さな穴をルーペでのぞいてみよう。かわいらしい小さな水晶が集まっている。

ガスが抜けあとの細かな穴がある玄武岩（火成岩）。

粗い粒が固まった凝灰岩（堆積岩）。

火山噴出物が固まったもの。火砕岩のほんの小さなひとかけらだ。

凝灰岩にはさまれた石英の脈。脈には小さな穴が。なかに水晶ができている。

縄地の海岸の石ころ。赤っぽい石は凝灰岩や火砕岩。白っぽいのは流紋岩。黒っぽいのは安山岩や玄武岩。どの石ころも、波に洗われてきれいだ。

縄地海岸データ 伊豆半島の東海岸の東南、入り組んだ崖の海岸のなかの小さな石ころの浜。

静岡県
No.35

伊豆《いず》半島《はんとう》堂《どう》ヶ《が》島《しま》の海岸

見どころ 灰色の安山岩とトンボロという砂礫の「橋」。

採集場所 伊豆半島西海岸、西伊豆町堂ヶ島の瀬浜海岸。

参考地図 20万分の1地勢図「静岡」、2万5000分の1地形図「仁科」

堂ヶ島は、海岸線に続く岩の絶壁の景色の美しさで知られているが、もうひとつ見応えのある地形がある。干潮になると陸と島を結ぶ岩が海面上に現れるトンボロという自然の「橋」だ。瀬浜の目前の小さな島の列に、沖から打ち寄せる波がぶちあたり両側に分かれ、島の砂や礫を削り取って島と陸の間に堆積し続けてできたもの。島は、灰色がかった安山岩でできている。トンボロにはこの石ころが多く、またトンボロの付け根にあたる瀬浜海岸にも同じ安山岩が集まっている。

↓堂ヶ島の海岸の崖は凝灰岩でできている。ところが、瀬浜の海岸ではこの凝灰岩はほとんど見あたらない。

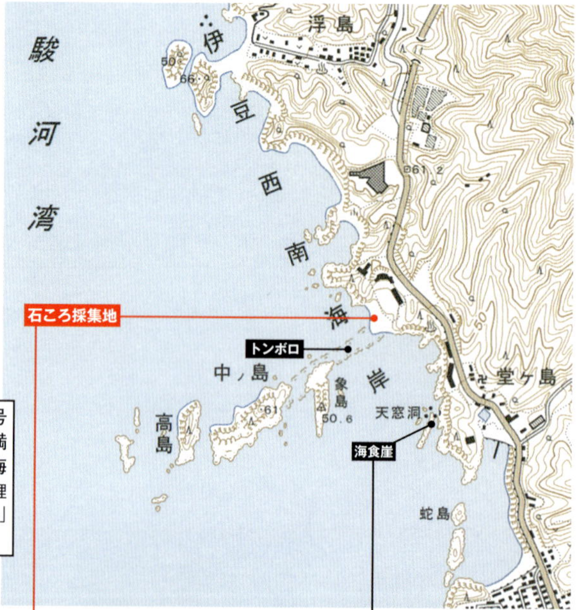

▲トンボロには「隠顕岩」の記号が記されている。隠顕岩とは、満潮時に海面下になり、干潮時に海面上に現れる岩のこと。(国土地理院発行2万5000分の1地形図「仁科」平成19年更新)

↓干潮のときに海面上に現れたトンボロ。

←波の浸食でできた洞窟の天窓洞内には船で入る。火山活動でもたらされた荒々しい凝灰岩を目のあたりにできる。

堂ヶ島瀬浜の海岸の石ころ。どれも灰色の安山岩ばかり。しかし、よく見ると少しずつ違っている。自然はまったく同じものをつくらない。

灰色の安山岩(火成岩)。ほとんどがこの石ころ。

淡い褐色の安山岩(火成岩)。

紫色がかった安山岩(火成岩)。

うすい茶色の安山岩(火成岩)。

黄土色の安山岩(火成岩)。

長径 40㎜ほどの小さな凝灰岩(堆積岩)を見つけた。

堂ヶ島海岸データ 伊豆半島西海岸の南西部、西伊豆町の海岸。断崖と奇岩の海食地形が見られるので訪れる人が多い。

山梨県
No.36

富士川水系

笛吹《ふえふき》川《がわ》笛吹《ふえふき》市《し》の川原

見どころ ホルンフェルスと花崗岩の仲間。

採集場所 笛吹市石和町、鵜飼橋の上流300mの右岸の川原。

参考地図 20万分の1地勢図「甲府」、2万5000分の1地形図「石和」

地形が急峻で流れが強く、明治時代には流路が数km変わってしまうという大水害に見舞われたことがある。つまり、石ころ採取地点の鵜飼橋上流の川原は100年前にはなかったということになる。土砂を大量に甲府盆地に運んだので、扇状地をつくっている。地質図で笛吹川の流域を見ると、花崗岩をはじめとする深成岩の地質が目につく。火山活動による火砕流の場所もある。川原では、マグマの熱で変成されたホルンフェルスの石ころが多かった。

↑一級河川笛吹川の表示板。ちらりと三角に組んだコンクリートの聖牛が見える。流水の勢いをゆるめる水制だ。

▼堤防に囲まれた礫の川原は、増水のたびに流路を変える。どの川でも同じだが、地図に記された流路と実際の流路が変わっているかチェックしよう。(国土地理院発行2万5000分の1地形図「石和」平成18年更新)

↓下流に見える鵜飼橋とその向こうに石和橋。

↓鵜飼橋の上流300mの右岸の川原。たっぷりと澄んだ水が流れ下ってくる。川原には、大小さまざまな形の石ころがならんでいる。

川原にころがる大きな花崗岩に、採集した石ころをならべた。どれも手のひらで握れるほどの大きさだ。

割れたときの角が残るホルンフェルス（変成岩）。

結晶片岩（変成岩）。うすい石英の面が幾層にもはさまっている。

火山灰や細かな火山礫がまじった凝灰岩（堆積岩）。

白っぽい火山灰や細かな火山礫がまじった凝灰岩（堆積岩）。

赤茶色をした安山岩（火成岩）。

半透明の石英の結晶がずいぶん見られるのでトーナル岩（火成岩）だろうか。

まん丸の花崗岩（火成岩）。ピンクがかっているところはカリ長石。

礫岩（堆積岩）。砂岩とホルンフェルスの小さな礫が集まっている。

笛吹川データ
水源：山梨県甲武信ヶ岳と国師ヶ岳　流路全長：46.5㎞
合流：甲府盆地をへて山梨県富士川町で富士川に合流。

山梨県
No.37

富士川水系

釜無川《かまなしがわ》韮崎市《にれさきし》の川原

見どころ 南アルプスからの花崗岩の仲間。

採集場所 韮崎市本町、船山橋の下流300mの左岸の川原。

参考地図 20万分の1地勢図「甲府」、2万5000分の1地形図「韮崎」

釜無川も、笛吹川と同様に地形が急峻な地を流れ下る。1959年の伊勢湾台風のときには、径2mを超す花崗岩が濁流とともにころげ落ちるように流れ、洪水により川沿いの地域に大きな被害をもたらした。石ころは、つねに上流から補給される。したがって、釜無川の川原の石ころはきれいなものが多い。

←船山橋から13kmほど上流の穴山橋付近。高岩と呼ばれる八ヶ岳の火砕流が泥流といっしょに流れ下りできた崖が連なっている。

→釜無川も増水時の川の流れが激しい。大きな石が流され、流れがぶつかる岸はえぐれている。

↓船山橋下流、左岸沿いにある駐車スペース。ここから川原に下りる。

↓韮崎市付近の釜無川の川原は白い川砂が多い。4月のはじめ、川原のヤナギが真っ先に芽をふいて緑になる。

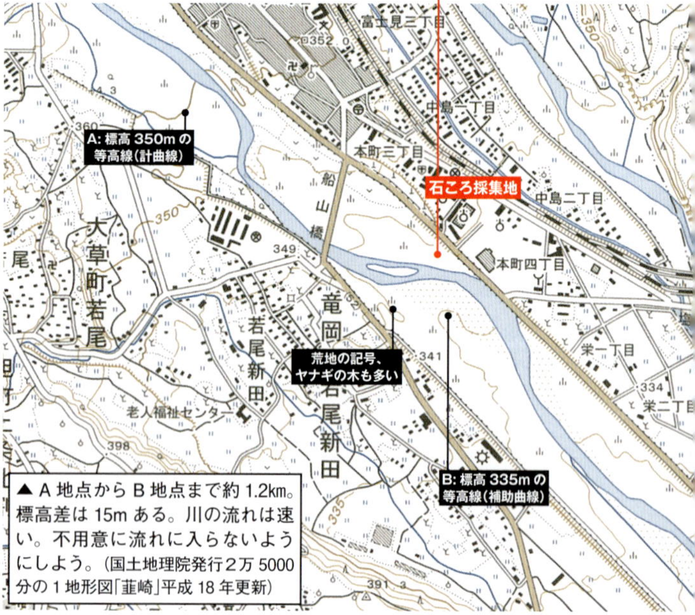

▲A地点からB地点まで約1.2km。標高差は15mある。川の流れは速い。不用意に流れに入らないようにしよう。(国土地理院発行2万5000分の1地形図「韮崎」平成18年更新)

石ころ採集地の川砂の上に石ころをならべた。全部持ち帰れないので、このなかから気に入った石ころを選ぶ。

石英閃緑岩（火成岩）。黒い短冊状の結晶は角閃石。石英の結晶はわずかしか見られない。

白っぽい長石がたくさん。黒っぽい部分を見ると閃緑岩（火成岩）のようだ。

四角いころころした黒い輝石を含む。灰色の石基は安山岩にくらべて粗い結晶。ひん岩（火成岩）。

赤っぽい部分と黒っぽい部分がまじった安山岩（火成岩）。

粘板岩がさらに地中で圧力を加えられて、縞状にもみくちゃになった千枚岩（変成岩）。

粉をまぶした大福餅のような石灰岩（堆積岩）。

釜無川データ 水源：山梨県と長野県の県境南アルプス鋸岳　流路全長：128㎞（富士川）　河口：笛吹川との合流点より富士川と呼ぶ。静岡県富士市と静岡市清水区との境で駿河湾にそそぐ。（富士川）

山梨県
No.38

富士《ふじ》川《かわ》南《なん》部《ぶ》町《ちょう》の川原

見どころ 変化に富んだ火成岩と堆積岩そして緑色岩。

採集場所 南部町、富栄橋下流500mの左岸の川原。

参考地図 20万分の1地勢図「甲府」「静岡」、2万5000分の1地形図「篠井山」

富士川はどこでも、広い石ころの川原がある。河口の川幅は2㎞にもおよび、これは日本の河川では最大である。流域の90%が山地で、最上川（山形県）、球磨川（熊本県）とともに日本三大急流のひとつといわれる。川に沿って糸魚川—静岡構造線という大断層が走り、さらにこれにともなう断層群や土砂崩れの起きやすい破砕帯がいたるところにある。したがって、川原に運ばれる石ころも多い。

↑南部町の川原から下流を見渡す。

↓巨大な凝灰岩や花崗岩の石がころがっている広大な川原。上流に見える橋は富栄橋。

▲富士川の河口は、地図上で10㎜ほど。実際の長さで2㎞にあたる。地形が陰影で記されているので、河口近くまで山地を流れ下っていることもわかる。（国土地理院発行20万分の1地勢図「静岡」平成16年修正）

↓南部町の道の駅とみざわ。石ころ採集地はここから歩いて５分。

↓河口近くの東名高速道路の富士川サービスエリアから富士川を見下ろす。「富士」という名がつく川だけれど、上流から下流まで、富士川の川原からは富士山は見えない。

砂粒がきれいにそろった砂岩（堆積岩）。

傷や穴がある石灰岩（堆積岩）。

石英の脈が入っている砂岩（堆積岩）。

白とやや緑がかった火山灰でできた凝灰岩（堆積岩）。

チャートの礫が固まった礫岩（堆積岩）。

黒い頁岩と灰色の砂岩の礫でできた礫岩（堆積岩）。

少しいびつな白っぽい花崗岩（火成岩）。

石英閃緑岩（火成岩）。白い部分はほとんどが斜長石で、石英はわずか。

デイサイト（火成岩）。黒っぽい鉱物がほとんど見られない。斑晶は白のみ。

石英斑岩（火成岩）。やや緑色を帯びた灰色の石基。白っぽい斜長石の斑晶。黒っぽいごく小さな黒雲母の粒も見える。

ガスが抜けた穴が無数にある玄武岩（火成岩）。

緑色岩（変成岩）。もとは玄武岩。白色の部分は沸石の脈や結晶。

富士川データ 水源：山梨県と長野県の県境南アルプス鋸岳　流路全長：128km　河口：笛吹川との合流点まで釜無川の名称。静岡県富士市と静岡市清水区との境で駿河湾にそそぐ。

静岡県 No.39

大井川島田市《おおいがわしまだし》の川原

見どころ 黒い頁岩の礫が入った礫岩とチャート。

採集場所 川根町笹間渡《ささまど》の川原。

参考地図 20万分の1地勢図「静岡」「甲府」、5万分の1地形図「家山」

富士川とならび大井川の川原の石ころの量は多い。上流の山の斜面は崩壊が起こりやすい地質で、大量に礫が川に落ち、それを運ぶ水量が多い川だったからだ。ところが、10ヵ所以上のダムができ、一時は水が流れない川原になってしまったところもあった。川原にころがっている石ころは、ほとんどが礫岩、砂岩、チャートなどの堆積岩。九州地方から関東地方まで連なる四万十帯と呼ばれる地層をつくる岩石だ。

◀大井川の中流地帯は、蛇行が続く。尾根が流れをさえぎって、山のなかを蛇行する流れは「穿入蛇行」と呼ばれる。蛇行が激しく輪の形になりつつある。これを地形図で確かめよう。（国土地理院発行５万分の１地形図「家山」平成元年修正）

↓C地点の石風呂の川原。川原の大きさにくらべ流量が少ない。上流にダムがあるからだ。

↓笹間渡の川原で石ころを採集していると、大井川鉄道のSLがB地点の鉄橋を走りぬけて行った。

←A地点、朝日段の見晴し台から、大井川の「鵜山の七曲がり」を見渡す。

大井川でよく見られる礫岩（堆積岩）。大井川だけでなく、高知県の四万十川や埼玉県の荒川などでもよく見かける石ころだ。

溝がある砂岩（堆積岩）。方解石がぬけ落ちた溝だろうか。

堆積の縞模様がきれいな砂岩（堆積岩）。

傷だらけのチャート（堆積岩）。しかしみがかれて丸みを帯びている。白い脈は石英。

平べったいおせんべいのような形の頁岩（堆積岩）。

凝灰岩（堆積岩）。ほぼ原寸。ひびが入り表面は小さな凸凹だらけ。赤茶色、白色、緑色の部分、どれも火山灰のようだ。緑色は、緑泥石によるものだろうか。

大井川データ 水源：静岡県、南アルプスの間ノ岳　流路全長：168㎞
河口：静岡県の大井川町と吉田町の境で駿河湾にそそぐ。

静岡県
No.40

安《あ》倍《べ》川《かわ》静《しず》岡《おか》市《し》の川原

見どころ 手触りが布のようにやわらかな蛇紋岩。

採集場所 静岡市葵区油島《ゆじま》、玉機《たまはた》橋下流500mの左岸の川原。

参考地図 20万分の1地勢図「静岡」、2万5000分の1地形図「駿河落合」

安倍川は、源流付近には日本三大崩れのひとつ大谷《おおや》崩《くず》れがある。この山体崩壊地から、台風などの大雨の時には、急峻な流路を濁流となって、大量の礫を下流に運ぶ荒々しい川だ。河口付近にまで、巨大な礫がころがっている。安倍川は四万十帯という地質を流れるが、この川の流域からは堆積岩だけでなく蛇紋岩も見られる。さらに、四万十帯に貫入した閃緑岩なども見られる。

▶地形図では、集落寄りに堤防をかねた道路と川原のなかに護岸が記されている。流路を横切る等高線で、わずか2㎞ほどの上流・下流の標高差が20m以上あることがわかる。(国土地理院発行2万5000分の1地形図「駿河落合」平成17年更新)

↑地図上の一本線の橋は、吊り橋の「相淵橋」だった。

↓地形図で「擁壁」の記号で記されている護岸から川原に下りる。

↓水が引くときにできるリップルマーク。川は、増水をくりかえす。増水のたびに石ころは下流に流れる。

←石ころ採集地点から、上流の玉機橋をのぞむ。川原には、角ばった石ころが多い。

握りしめると布のようなやわらかな感触の蛇紋岩(変成岩)。

かんらん岩の黒っぽい地が見える黄緑色の蛇紋岩(変成岩)。

粘板岩(堆積岩)。ごくうすい層を重ね合わせた平たい石ころ。それとも千枚岩(変成岩) か。

石英の帯が入った閃緑岩(火成岩)の石ころ。

デイサイト(火成岩)。黒っぽい鉱物はごくわずか。

縞模様が美しいコマのような形をした砂岩(堆積岩)。

あずき色がかったいびつな形の緑色岩(変成岩)。重い石ころ。

細かな傷だらけ。白い粉をふいたような石灰岩(堆積岩)。

砂岩(堆積岩) に方解石の脈が入っている。

安倍川データ
水源：静岡県と山梨県の境にある大谷嶺　流路全長：53.3㎞
河口：静岡市で駿河湾にそそぐ。

静岡県 No.41 静岡市《しずおかし》三保松原《みほのまつばら》海岸

見どころ 安倍川からやってきた蛇紋岩。

採集場所 静岡市清水区三保半島、駿河湾に面した三保松原海岸。

参考地図 20万分の1地勢図「静岡」、2万5000分の1地形図「静岡東部」

日本の白砂青松100選に選ばれた景勝地。ただし、浜の砂は白砂ではない。むしろ黒っぽい砂浜だ。三保松原海岸の砂礫は、おもに安倍川から流れ出たさまざまな堆積岩や蛇紋岩の砂礫だという。沿岸流に乗って、三保半島まで運ばれたものだ。安倍川河口付近の海岸には大きな礫が多いが、そこから離れるにしたがって礫の大きさは小さくなる。近年、三保の海岸浸食が進み、美しい海岸線が失われつつある。

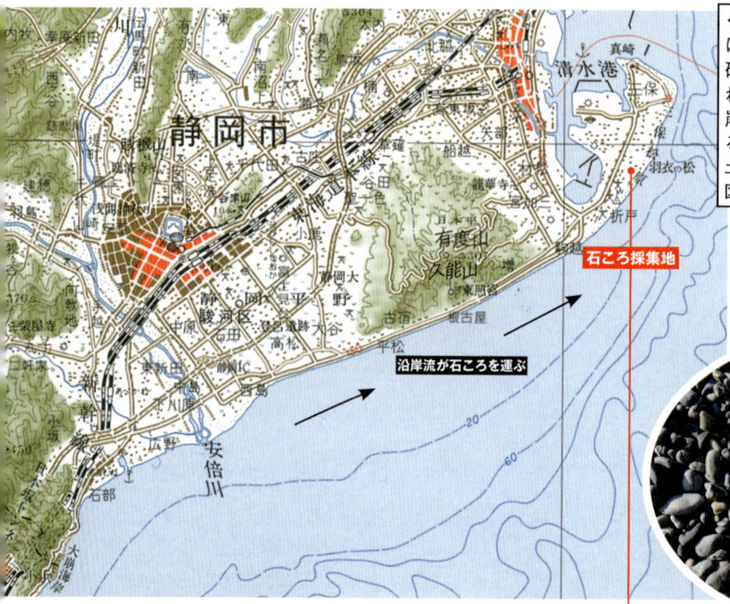

◀地勢図を見ると、三保半島は安倍川から海に流れ出た砂礫が沿岸流によって運ばれ、さらに日本平有度山の海岸を削り取りできた砂嘴であることが、読み取れる。(国土地理院発行20万分の1地勢図「静岡」平成16年修正)

↓黒っぽい石ころで覆われた海岸。ほとんどが砂岩。このなかに、丸くみがかれた蛇紋岩の石ころをひろえる。

←三保松原の松林をぬけ海岸に出る。ここには5万4000本の松がある。

→三保松原海岸の背後に富士山が見える。

蛇紋岩（変成岩）。安倍川で見かけた石ころとそっくり。蛇紋岩は、かんらん岩が水の作用で蛇紋石や緑泥石に変えられた変成岩。

蛇紋岩（変成岩）。白い脈は方解石。白っぽい繊維質の部分は石綿。

蛇紋岩（変成岩）。緑っぽい緑泥石がまじっている。

粒がそろったまん丸の砂岩（堆積岩）。

頁岩の黒い礫が少しまじった砂岩（堆積岩）。

頁岩の黒い礫がたくさん入った礫岩（堆積岩）。

丸くみがかれた小さな花崗岩（火成岩）。

青のりのふりかけをまぶしたような閃緑岩（火成岩）。

黒っぽい鉱物がほとんど見られないデイサイト（火成岩）。

三保松原海岸データ 静岡市清水区の三保半島の駿河湾に面した7㎞続く松原と小砂利の海岸。

長野県
No.42

天竜川水系

横川川《よこかわがわ》・三峰川《みぶがわ》・太田切川《おおたぎりがわ》・小渋川《こしぶがわ》・和知野川《わちのがわ》・遠山川《とおやまがわ》の川原

見どころ 6つの川の石ころの違い。

参考地図 20万分の1地勢図「飯田」「豊橋」

天竜川の下流の川原に行くと、火成岩、堆積岩、変成岩なんでもござれ石ころの種類の多さに圧倒される。これほどたくさんの種類の石ころが見られる川原は、全国でも数少ない。それはなぜか、天竜川の流域をたどればわかる。変化に富んだ地質を流れ下るからだ。源流の諏訪湖から流れ下る天竜川は、長野県では横川川・三峰川・太田切川・小渋川・和知野川・遠山川などの支流を集める。どんな地質を流れ、川原ではどんな石ころが見られるか見てみよう。

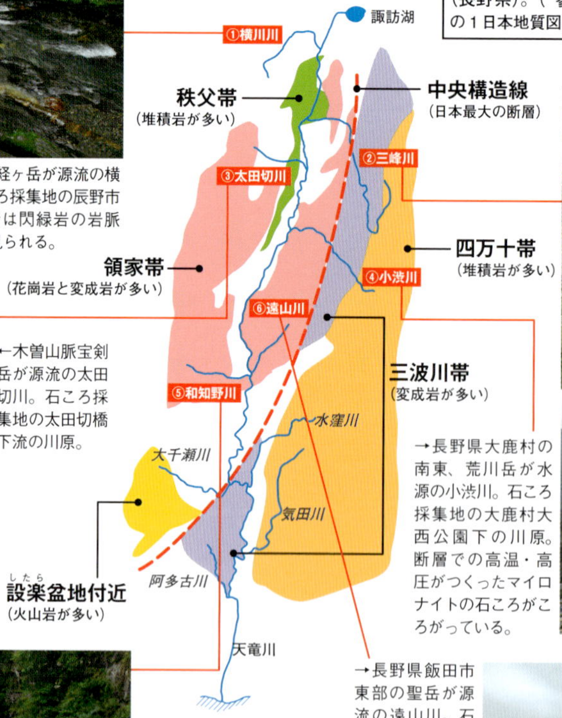

◀天竜川の流域のおもな支流と地質*(長野県)。(*参考：地質調査所「100万分の1日本地質図(1992)」を参考に作図)

↑木曽山脈経ヶ岳が源流の横川川。石ころ採集地の辰野市横川地区では閃緑岩の岩脈「蛇石」が見られる。

↓赤石山脈仙丈ヶ岳が源流、中央構造線をまたぐ三峰川。石ころ採集地の竜東橋付近の川原。

←木曽山脈宝剣岳が源流の太田切川。石ころ採集地の太田切橋下流の川原。

→長野県大鹿村の南東、荒川岳が水源の小渋川。石ころ採集地の大鹿村大西公園下の川原。断層での高温・高圧がつくったマイロナイトの石ころがころがっている。

←長野県阿智村の三階峰が源流の和知野川。石ころ採集地の阿南町の二瀬キャンプ場前の川原。

→長野県飯田市東部の聖岳が源流の遠山川。石ころ採集地の天龍村清水の川原。

泥岩（堆積岩）の平べったい緻密な石ころ。（横川川）

粘板岩（堆積岩）。うすい層が重なっている。（横川川）

へこみがたくさんある白い粉をふいた石灰岩（堆積岩）。（三峰川）

ざらりとした手触りの凝灰岩（堆積岩）。（三峰川）

赤っぽい鉱物のカリ長石を含んだ花崗岩（火成岩）。（太田切川）

白っぽい鉱物と黒っぽい鉱物の粒が縞模様にならんでいる片麻岩（変成岩）。（太田切川）

灰色の粗い縞模様の流紋岩（火成岩）。（小渋川）

大鹿村大西公園下の川原で採集したマイロナイト（変成岩）。（小渋川）

このように赤っぽい花崗岩から白っぽい花崗岩まで採集できる（火成岩）。（和知野川）

片麻岩（変成岩）。ルーペで観察すると、どの鉱物の粒も丸みを帯びている。（和知野川）

細かな石英の筋が入っている硬いチャート（堆積岩）。（遠山川）

鉱物が高圧力でくだかれてできたマイロナイト（変成岩）だろうか。（遠山川）

天竜川データ
水源：長野県岡谷市の諏訪湖　流路全長：213km
河口：浜松市と磐田市の境で遠州灘にそそぐ。

愛知県
静岡県
No.43

天竜川水系

大千瀬川《おおちせがわ》・水窪川《みさくぼがわ》・阿多古川《あたごがわ》・気田川《けたがわ》の川原

見どころ 4つの川の石ころの違い。

参考地図 20万分の1地勢図「飯田」「豊橋」

天竜川は、諏訪湖を流れ出たあと、中央アルプス木曽山脈と南アルプス赤石山脈にはさまれた谷を流れ下る。さらに、大千瀬川・水窪川・阿多古川・気田川の支流の流れを集める。こちらの川はどんな地質を流れ、川原ではどんな石ころが見られるか見てみよう。

↓愛知県北西部、大鈴山が源流の大千瀬川。JR 飯田線下河合駅付近の川原。花崗岩が多い。

▼天竜川の流域のおもな支流と地質＊(愛知県・静岡県)。(＊参考：地質調査所「100万分の1日本地質図(1992)」を参考に作図)

↓水窪川の川原の石ころ。砂岩やチャートなどの堆積岩のほか結晶片岩も。

↑赤石山脈の中ノ尾根山が源流の水窪川。秩父帯や四万十帯のほか三波川帯も流れる。

↓阿多古川の川原の石ころ。ほとんどが変成岩。変成岩の地質を流れ下ってくるからだ。

←浜松市の篶木山が源流の阿多古川。水がきれいで、夏は水遊びの人がたくさん訪れる。

→赤石山脈南部の戸中山が源流の気田川。

花崗岩(火成岩)。(大千瀬川)

結晶の粒が大きな花崗岩(火成岩)。(大千瀬川)

流紋岩(火成岩)。(大千瀬川)

頁岩の礫や砂岩の礫が集まった礫岩(堆積岩)。(水窪川)

なめらかな表面にいくつも傷がついている石灰岩(堆積岩)。(水窪川)

黒っぽい筋と白っぽい筋と灰緑色の筋が何層にもなっている結晶片岩(変成岩)。(水窪川)

光に反射する雲母の脈をはさんだ結晶片岩(変成岩)。(阿多古川)

平たく四角い石ころ。半透明な部分は石英。赤鉄鉱を含む結晶片岩の赤色石英片岩(変成岩) だろうか。(阿多古川)

黒っぽい層に白っぽい石英の層が幾層にも重なった結晶片岩(変成岩)。(阿多古川)

石英の筋が入った傷だらけの四角いチャート(堆積岩)。(気田川)

細かな砂粒に頁岩の礫がたくさんまじった礫岩(堆積岩)。(気田川)

細かな砂粒の砂岩(堆積岩)。細かな頁岩の礫がわずかにまじる。(気田川)

天竜川データ
水源：長野県岡谷市の諏訪湖　流路全長：213km
河口：浜松市と磐田市の境で遠州灘にそそぐ。

静岡県
No.44

天竜川浜松市《てんりゅうがわはままつし》の川原

見どころ たくさんの種類の石ころ。

採集場所A 浜松市浜北区と磐田市を結ぶ、浜北大橋下流200mの右岸の川原。

採集場所B 浜松市南区、天竜川河口の右岸の砂州。

参考地図 20万分の1地勢図「豊橋」「伊良湖岬」、2万5000分の1地形図「掛塚」

地図で表示していないが、石ころ採集地Aである浜北大橋付近の右岸の川原は天竜川運動公園になっていて、車の駐車スペースもある。しかも川原は広く、P92～95で紹介した10の天竜川水系からの石ころはほぼすべて採集できる。

一方、石ころ採集地Bの河口の右岸の砂州の先端付近には、丸くみがかれた小石が集まっている。石ころとしてやわらかな蛇紋岩や石灰岩を見つけるには苦労するが、そのほかの種類の石ころであれば比較的簡単に採集できる。

▼右岸の砂州は、荒地の記号で記されているが、岸寄りに草が茂っているほか、すべて砂礫地である。砂州の先端に行くほど、石ころが厚く堆積している。（国土地理院発行２万 5000 分の１地形図「掛塚」平成 19 年更新）

↓河口の右岸の砂州への下り口。

↓砂州の対岸に風車と灯台が見られる。左手の２つの風車は地形図に記されていない。

←砂州の先端から全体を見渡す。石ころはここで採集。

→石ころ採集地Ａの浜北橋下流 200m の右岸の川原。四輪駆動車であれば砂の砂州に乗り入れることができる。

石ころ採集地 A の浜松市浜北区の浜北大橋下流 200m の右岸の川原で石ころを集めた。わずか 10 分ほどでこんなにたくさんの種類が！

石ころ採集地 A、浜北大橋下流の川原にあった長径 28 ㎝ほどの片麻岩(変成岩)。

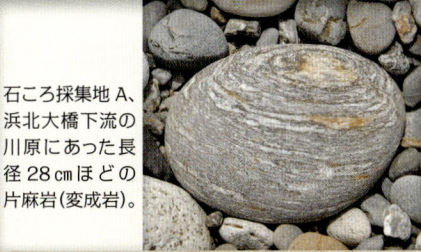

石ころ採集地 B の浜松市南区、天竜川河口の右岸の砂州で見つけた長径 35㎜ほどの小さな石灰岩。

石ころ採集地 B の天竜川河口の右岸の砂州で集めた石ころ。(左上の石ころの長径100㎜)

天竜川データ　水源：長野県岡谷市の諏訪湖　流路全長：213㎞
河口：浜松市と磐田市の境で遠州灘にそそぐ。

静岡県
No.45

遠州灘《えんしゅうなだ》御前崎《おまえざき》・駿河湾《するがわん》相良《さがら》の海岸

見どころ 天竜川から運ばれた石ころ。

採集場所A 御前崎市御前崎、灯台から2㎞西の遠州灘に面した広沢の海岸。

採集場所B 牧之原市相良、駿河湾に面した相良サンビーチの海岸。

参考地図 20万分の1地勢図「御前崎」、2万5000分の1地形図「御前崎」

遠州灘に突き出した御前崎の広沢の海岸の砂浜は白い。この砂は花崗岩をつくる石英が多く、天竜川から運ばれたものという。石ころも、花崗岩の仲間や片麻岩など天竜川の川原で見られるものと同じ。さらに、御前崎をまわって相良の海岸でも砂浜は白く、やはり天竜川でみかけた石ころが見られる。ところがさらに東へ、おとなりの牧之原市静波海岸では砂浜が黒っぽくなる。石ころも、礫岩や頁岩、チャートなど大井川の川原で見られるものばかりである。相良付近が、天竜川からの砂礫が流れつく最後の地点なのだろうか。

▲天竜川河口から御前崎まで、海岸線をたどるとおよそ45㎞。天竜川から遠州灘に運ばれた砂礫は、西の浜名湖方面に運ばれるとともに、御前崎方面にも沿岸流によって運ばれる。(国土地理院発行20万分の1地勢図「御前崎」平成16年修正)

↓御前崎から2㎞西、天竜川の河口寄りの広沢の海岸。白っぽい砂にまじって、天竜川の川原で見られるのと同じ石ころがころがっている。

↑御前崎と灯台。灯台下の海岸は、洗濯板のような岩場。灰色の泥岩と黒っぽい砂岩が互い違いに層をつくっている。この地層は、地質図によれば約1500万年前に海底で堆積したものだそうだ。

↓御前崎の先端をめぐり、さらに北の相良の海岸。広沢の海岸と同じ白っぽい砂が広がっている。石ころはやや小粒。遠くに御前崎が見える。

御前崎の海岸には、天竜川で見られる白っぽい石ころが多い。A

御前崎灯台下の海岸の地層で見たのと同じ泥岩（堆積岩）。ざらざらしているのでシルト岩だろうか。A

黒っぽい筋がついている砂岩（堆積岩）。A

緑灰色の緑色岩（変成岩）。石英の細かな脈やかけらが入っている。A

花崗岩（火成岩）。陽にかざすと雲母がきらりと光る。B

チャート（堆積岩）。石英が無造作にからみついたような石ころ。B

頁岩の礫が少しまじった砂岩（堆積岩）。B

御前崎データ 静岡県御前崎市から遠州灘に突き出した延長6kmにおよぶ海岸。

愛知県
No.46

豊川《とよがわ》豊橋市《とよはしし》の川原

見どころ ガラス質の松脂岩。

採集場所 豊橋市賀茂町、東名高速道路の橋梁の上下流。

参考地図 20万分の1地勢図「豊橋」、2万5000分の1地形図「新城」「豊橋」

豊川のとっておきの石ころは松脂岩。ガラス質の黒い粒でできている。松脂岩は黒曜石と同じ、もとをただせば流紋岩質の火山岩であるという。ただし、黒曜石はガラスのような割れ口を持っているが、松脂岩は黒曜石とくらべると光沢がにぶい。松脂のような手触りをもった岩石だ。豊川は、天竜川と同じように変化に富んだ地質を流れ下るので、下流の川原では火成岩、堆積岩、変成岩とも石ころの種類が多い。

←C地点。東名高速道路の橋梁の下を歩いて川原にでる。

→B地点。堤防の道路から果樹園に下りる道。

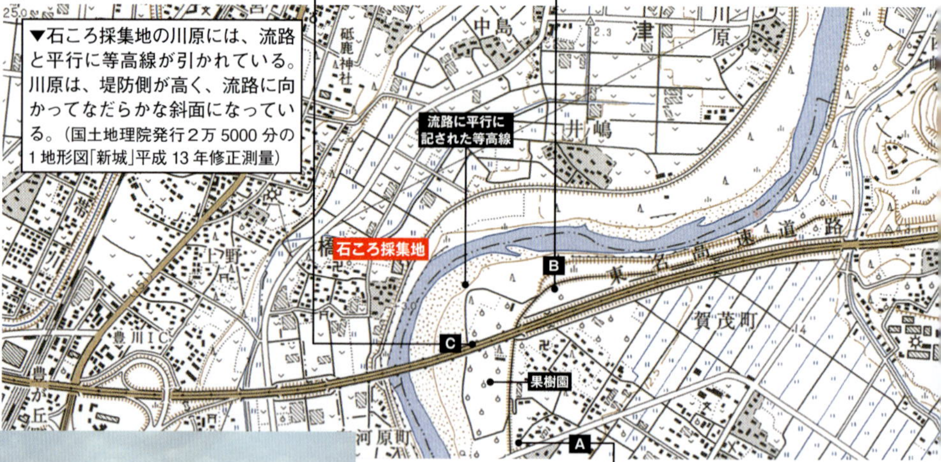

▼石ころ採集地の川原には、流路と平行に等高線が引かれている。川原は、堤防側が高く、流路に向かってなだらかな斜面になっている。（国土地理院発行2万5000分の1地形図「新城」平成13年修正測量）

←石ころ採集地。地形図の等高線が示すように、堤防に向けてなだらかな上り斜面になっている。

→A地点。川原に向かう堤防上の道路。

ガラス質の黒い粒々が見える松脂岩（火成岩）。どんな岩石か詳しく知りたかったら、愛知県新城市の鳳来寺山自然科学博物館を訪ねるとよい。

松脂岩（火成岩）。黒曜石はガラス状だが松脂岩は樹脂状。

流紋岩（火成岩）。豊川の川原でまれに見つかる。きれいな縞模様が特徴。

石英閃緑岩（火成岩）。角ばった黒い鉱物の角閃石の結晶を含んでいる。

片麻岩（変成岩）。黒っぽい鉱物と白っぽい鉱物がうっすらと層状にならんでいる。

角閃石の結晶が集まった緑がかった黒色の石ころ。めずらしい石ころだ。

緑色岩（変成岩）。白い石英の脈をはさんでいる。

蛇紋岩（変成岩）。黒っぽい石ころ。青っぽいぬめりがある。

結晶片岩（変成岩）。うすい石英の層が幾層にもはさまっている。

豊川データ　水源：愛知県設楽町の鷹ノ巣山（段戸山）　流路全長：77km
河口：豊橋市の西部で三河湾にそそぐ。

岐阜県 No.47

木《き》曽《そ》川《がわ》各務原《かかみがはら》市《し》の川原

見どころ チャートと濃飛流紋岩。

採集場所 各務原市川島笠田町、平成川島橋上流500mの右岸の川原。

参考地図 20万分の1地勢図「岐阜」、2万5000分の1地形図「岐阜」

石ころ採集地よりも少し上流の各務原市の川原には赤茶色のチャートの岩がむき出しになった場所がある。産地が近くにあるので、下流の川原のチャートの石ころは、角ばった形が多い。もうひとつ、濃飛流紋岩といわれる溶結凝灰岩の石ころがある。木曽川の下流の川原にころがっている濃飛流紋岩は、支流の飛騨川から運ばれたものだろう。濃飛流紋岩そのものは、岐阜県の東濃地方から長野県木曽地方にかけての川原で広く見られる。

←石ころ採集地から上流へ12kmの左岸の山の上に立つ犬山城。城の石垣は木曽川の川原の露頭で見られるチャートが使われている。

→堤防から川原へは、踏みあとを探して下りる。

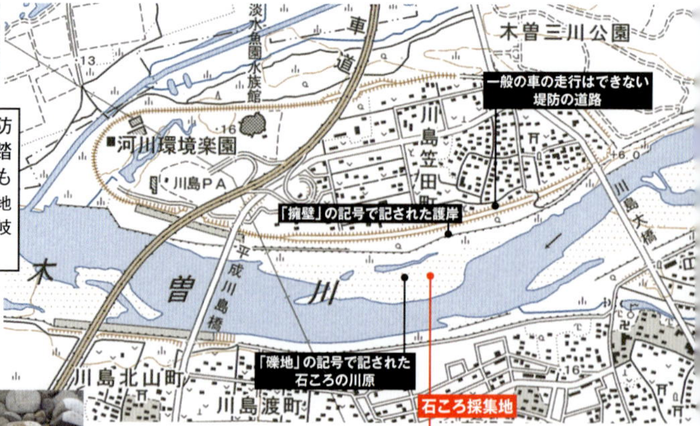

▶川原へは、川島笠田町の堤防を上り、川原への下り口となる踏みあとを探す。堤防の内側に、もうひとつの護岸がある。(国土地理院発行2万5000分の1地形図「岐阜」平成19年更新)

↓流れのわきの石ころは泥で汚れている。ただし増水していないときの木曽川の水はとても澄んでいる。

→草が途切れたところの川原の石ころは表面がきれい。大小さまざまな石色がならんでいる。ここで石ころを採集する。遠くに、平成川島橋が見える。

割れたときの形を残したままの赤茶色のチャート(堆積岩)。

細かな穴があいたやや赤紫っぽい黒色のホルンフェルス(変成岩)。

濃飛流紋岩(火成岩)と呼ばれる溶結凝灰岩。火山が噴火したときに火砕流によってできた石ころ。

濃飛流紋岩(火成岩)。これも支流の飛騨川から運ばれてきたのだろう。

堆積したときの美しい模様を残した砂岩(堆積岩)。

細かな粒のそろった平べったい砂岩(堆積岩)。

大きさの違う白い斑晶がたくさんつまった安山岩(火成岩)。

ほんのりと流紋の模様がある白っぽい流紋岩(火成岩)。

大きな斜長石の斑晶がまじるので安山岩(火成岩)のようだ。

小粒の黒雲母と大きな斜長石の結晶がまじる花崗岩(火成岩)。

小さな結晶の粒の閃緑岩をとりこんだ花崗岩(火成岩)。

花崗岩(火成岩)。白っぽい鉱物に、黒っぽい結晶がわずかにまじっている。

木曽川データ
水源：長野県木祖村の鉢盛山　流路全長：229km
河口：三重県桑名市長島町と木曽岬町との境で伊勢湾にそそぐ。

新潟県
No.48

信濃川《しなのがわ》小千谷市《おぢやし》の川原

見どころ 千枚岩と自然のパッチワーク礫岩。

採集場所 小千谷市上片貝、魚野川合流点下流約1kmの左岸の川原。

参考地図 20万分の1地勢図「高田」、2万5000分の1地形図「小千谷」

源流から新潟県境までは千曲川（214km）、新潟県からは信濃川（153km）と名前を変える。合わせて日本一長い川となっている。流路が長いということで、小千谷市付近まで下ると石ころの種類は多いのではないかと思われがちだが、天竜川や富士川などとくらべるとそれほど多くない。ただし、泥質の粘板岩がさらに高い圧力にさらされてできた千枚岩や、チャート、頁岩、砂岩などの礫をパッチワークさながら集めた礫岩は、信濃川ならではといえる石ころだ。

←小千谷市上片貝の左岸の川原への下り口。車の轍がついている。

→流路に近い川原は、白っぽい川砂が石ころを覆っている。

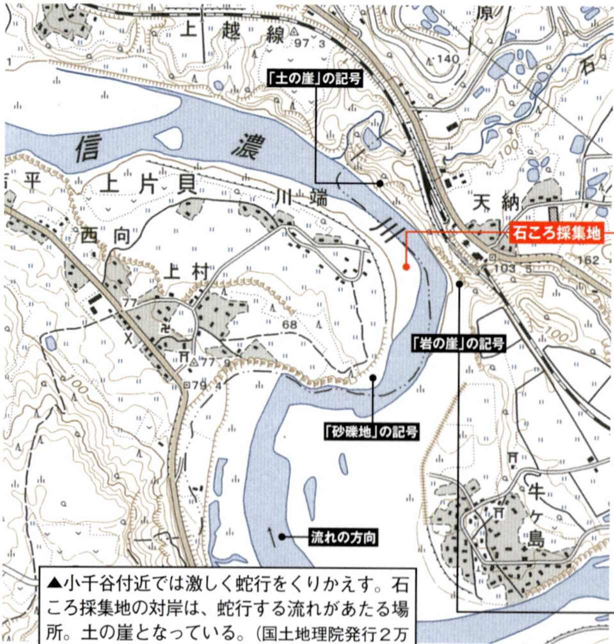

▲小千谷付近では激しく蛇行をくりかえす。石ころ採集地の対岸は、蛇行する流れがあたる場所。土の崖となっている。（国土地理院発行２万5000分の１地形図「小千谷」平成19年更新）

↓流路から離れた川原に石ころがころがっている。増水のたびに新しい石ころが運ばれてくるのだろうか。どの石ころも洗われてきれいだ。

↓対岸は崖が削られ、地層がむき出しになっている。地形図では岩の崖の記号で記されているが、数万年前の堆積物といわれ、硬い岩石とはなっていない。

安山岩(火成岩)。灰色の石基に、長石や角閃石の斑晶がちりばめられている。

ところどころに斜長石の大きな斑晶が入った安山岩(火成岩)。

輝石よりも黒っぽい角柱状の角閃石が目につく。閃緑岩(火成岩)。

花崗岩(火成岩)。ピンク色の部分はカリ長石。

石英閃緑岩(火成岩)。石英の結晶はほんのわずか。

流紋岩(火成岩)。細かな白っぽい長石や石英の結晶の粒でできている。

安山岩(火成岩)。灰色っぽい石基に斜長石の斑晶。デイサイトだろうか。

千枚岩(変成岩)。縞状のできかたが粘板岩よりも発達している。粘板岩と見分けにくい。

信濃川の礫岩(堆積岩)は、自然のパッチーワークそのもの。

閃緑岩(火成岩)。一見、砂岩のように見えるが、黒と白の結晶がつまっている。白い脈は石英の結晶。

圧力を受け、板のように割れやすくなった粘板岩(堆積岩)。

細かな筋が入った立方体のチャート(堆積岩)。

信濃川データ 水源:長野県・埼玉県・山梨県の県境にある甲武信ヶ岳　流路全長:367㎞
河口:新潟市で日本海にそそぐ。

新潟県 No.49 姫川糸魚川市《ひめかわいといがわし》の川原

見どころ 蛇紋岩やロディン岩、できればヒスイ。

採集場所 糸魚川市根小屋、根知川合流点の上流200mの右岸の川原。

参考地図 20万分の1地勢図「富山」、2万5000分の1地形図「小滝」

姫川の支流の小滝川は、天然記念物ヒスイの産地として知られている。そこでかつては、小滝川の合流点よりも下流の姫川の川原で、ヒスイの小石をひろうことができた。現在は、採りつくされ採集は極めて困難である。大増水のあとなど、川原の石ころがひっくり返されるので、チャンスがあるかもしれない。その代わり、ヒスイそっくりな美しいロディン岩や、ヒスイとともに産出する蛇紋岩などをひろうことができる。

▼地形図には記されていないが、JR 大糸線根知駅前の河川工事用の道路の入口がある。対岸に大きな「礫地」の石ころの川原がある。渡ってヒスイ探しをしたい川原だ。（国土地理院発行２万 5000 分の１地形図「小滝」平成 13 年修正測量）

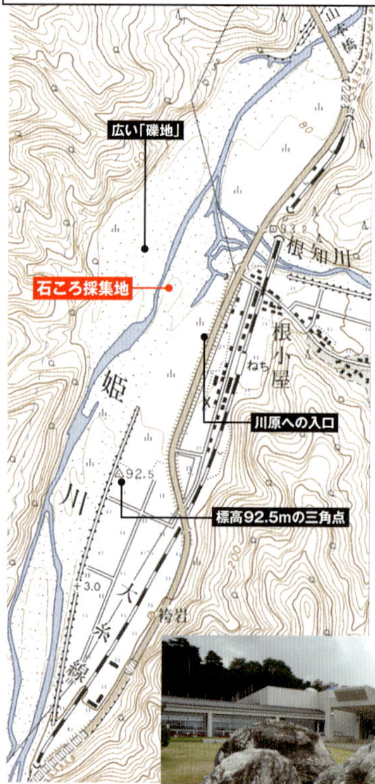

↓糸魚川市は、地質の宝庫。石ころ採集地から500m ほどの所に、東西日本の境目ともいえる糸魚川 - 静岡構造線の断層露頭や、枕が積み重なったような枕状溶岩の露頭がある。溶岩が水中で流れ出たときにできたものだ。

→ JR 大糸線根知駅から徒歩５分ほど、姫川の川原への入口がある。

↓石ころ採集地の下流には、フォッサマグナミュージアムがある。館の入口には巨大なヒスイの岩が置かれている。

↓径 1m 大から手のひらで握れる小石まで、石ころがごろごろしている。ここで石ころを採集する。

しっとりとした布のような手触りの蛇紋岩(変成岩)。

蛇紋岩（変成岩）。緑や白い繊維状が残る。白っぽい鉱物は石綿。

石ころを光に当てると細かくきらりと反射する結晶片岩(変成岩)。

石灰岩（堆積岩）。白く粉っぽく見えるのは表面に傷があるため。

割れたそのまま角が残るチャート(堆積岩)。硬い石ころ。

ヒスイに間違えられるロディン岩（変成岩）。蛇紋岩のなかで見られるという。

黄土色の小さな粒のそろった砂岩(堆積岩)。

チャートや砂岩などの礫が含まれた礫岩（堆積岩）。手触りはつるつるしている。

やや大きな白っぽい鉱物の結晶も見られる花崗岩(火成岩)。

表面がざらざらしている流紋岩(火成岩)。縞模様は、薬石と呼ばれる鉄分の沈殿によるもの。

赤茶と灰色の石基と白っぽい斜長石の斑晶をもつ安山岩（火成岩)。

黒っぽい鉱物が多い絣模様の斑れい岩(火成岩)。

信濃川データ 水源：長野県白馬村の湧水　流路全長：60km　河口：新潟県糸魚川市で日本海にそそぐ。

新潟県
No.50

糸《いと》魚《い》川《がわ》市《し》のヒスイ海岸

見どころ ぜひともヒスイの小石。

採集場所A 糸魚川市青海の海岸。

採集場所B 糸魚川市外波、親不知ピアパーク前の海岸。

採集場所C 糸魚川市市振《いちぶり》の海岸。

参考地図 20万分の1地勢図「富山」、2万5000分の1地形図「糸魚川」「親不知」

下の20万分の１地勢図でヒスイがひろえる海岸を確認しよう。市振の海岸と青海の海岸では、２回訪れて数個のヒスイの小石を採集することができた。ヒスイというと、緑っぽい原石を思い浮かべるが、むしろ白っぽい石ころが多い。青っぽいものや黒っぽいものもある。同じ大きさの他の石ころよりも重たい。表面がすべすべした角ばった石ころを探すのがコツと、フォッサマグナミュージアムで教わった。この博物館では、ひろった石ころの鑑定もしてもらえる。

↓市振海岸の波打ち際。このなかからヒスイの小石を探す。

↑親不知ピアパーク前の海岸。ここではヒスイは採集できなかった。

↓青海海岸の砂浜。きれいな小石がならんでいる。

←市振海岸のヒスイ探しの達人の装備。ヒスイの小石をすくいとる竿を手にしている。

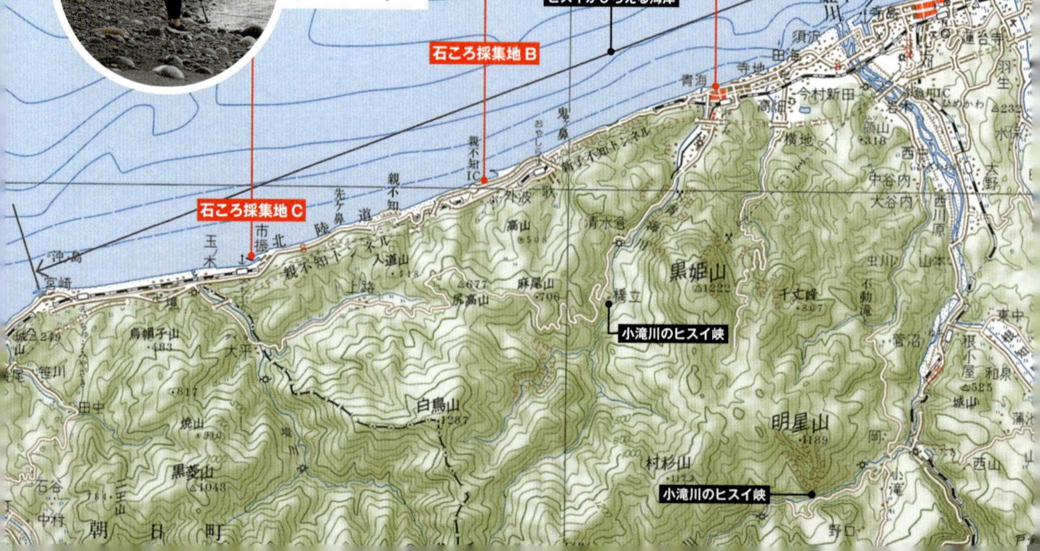

ヒスイ海岸で採集したヒスイの小石５個。いずれも角ばっている。

ヒスイのようだが違う。きつね石（変成岩）と呼ばれる珪質の石ころか。A

これもヒスイと間違われるロディン岩(変成岩)。A

赤紫色と黒っぽい礫や火山灰がまじった凝灰岩(堆積岩)。A

灰色の地から白い粉を吹き出したような石灰岩(堆積岩)。A

チャート、石灰岩、頁岩、砂岩などの礫を集めた礫岩(堆積岩)。B

石英のうすい膜をはさんだ結晶片岩(変成岩)。B

赤っぽいカリ長石をたくさん含んだ花崗岩(火成岩)。B

手触りがやわらか。白い部分は石綿の繊維。蛇紋岩(変成岩)。C

チャートの礫が集まった礫岩（堆積岩）。C

細かなチャートの礫が集まった礫岩（堆積岩）。C

糸魚川市のヒスイ海岸データ とくに富山県朝日町の海岸をいうが、新潟県糸魚川市を含めた日本海に面した約27kmの海岸。

新潟県
No.51

柏崎《かしわざき》市《し》牛《うし》ヶ《が》首《くび》の海岸

見どころ 火山岩の石ころと牛ヶ首のスランプ構造。

採集場所 柏崎市笠島、牛ヶ首（田塚鼻）の海岸。

参考地図 20万分の1地勢図「高田」、2万5000分の1地形図「柿崎」

柏崎市の牛ヶ首は、地形図では田塚鼻と記されている。ここの地層は「スランプ構造」と呼ばれ、上下の地層は平行にそろっているのに、その間のはさまれた地層がぐんにゃりと乱れている。約500万年前、海底で固まりきっていない地層に、地滑りなどで土砂が突っこんでできたといわれる。こんな珍しい地層の真下の海岸の石ころをひろおう。ころがっているのは、ほとんどが安山岩などの火成岩である。

↑笠島の旧トンネルは遊歩道となっている。このトンネルを通り抜け、牛ヶ首の海岸に出る。

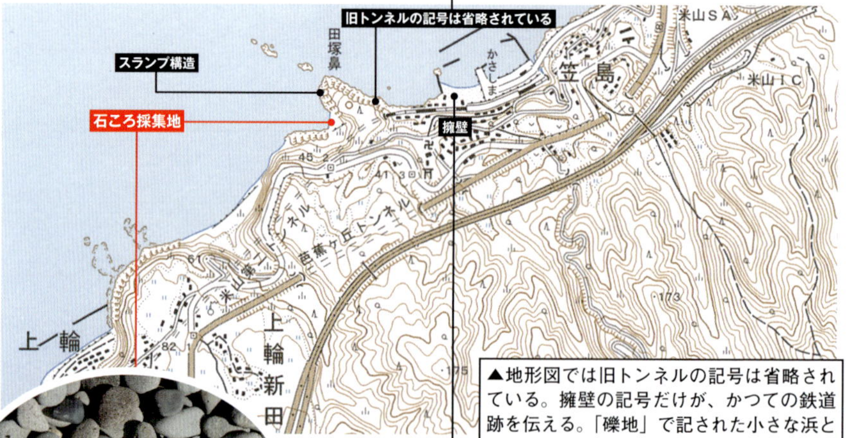

▲地形図では旧トンネルの記号は省略されている。擁壁の記号だけが、かつての鉄道跡を伝える。「礫地」で記された小さな浜と写真の浜と見くらべてみよう。（国土地理院発行２万 5000 分の１地形図「柿崎」平成 18 年更新）

←牛ヶ首の海岸にころがる石ころ。ほとんどが安山岩。

←右手が旧トンネルの出口。そこから海岸に下りる。牛ヶ首のスランプ構造の地層下の浜が、石ころ採集地。遠く水平線上に佐渡島が横たわっている。

↑牛ヶ首への下車駅、信越本線の笠島駅。駅前は、小さな漁港と海水浴場。ここから徒歩 15 分。

安山岩(火成岩)。黒っぽい灰色の石基に、斜長石の斑晶がまじっている。

赤褐色の安山岩(火成岩)。赤色を帯びているのは、溶岩が地上で噴出して酸化したかららしい。

大きさの違う斑晶がつまっている灰色の安山岩(火成岩)。

真っ黒な石ころ。小さな気泡とごく細かな斜長石の結晶がまじった玄武岩(火成岩)。

灰色を帯びた褐色の安山岩(火成岩)。長柱状の大きな角閃石の結晶が入っている。

ピンク色のカリ長石の大きな結晶が目立つ花崗岩(火成岩)。

閃緑岩(火成岩)。やや黒っぽい緑色の結晶の間を白っぽい結晶がうめている。

泥岩がさらに硬く固まってできた頁岩(堆積岩)。白い線は石英。

礫岩(堆積岩)。チャートの細かな礫が固まっている。

砂岩(堆積岩)。白と黒の層がくりかえされている。斜めにひびが入っている。

平たい砂岩(堆積岩)。まるでビスケットのようだ。

牛ヶ首の海岸データ 日本海に面し、柏崎市の信越本線米山駅から鯨波駅までの間に整備された中部北陸自然歩道にある。

富山県
No.52

朝日《あさひ》町《まち》境川《さかいがわ》河口《かこう》の海岸

見どころ 恐竜の時代の化石入りの泥岩。

採集場所 境川の左岸側、朝日町境の海岸。

参考地図 20万分の1地勢図「富山」、2万5000分の1地形図「親不知」

犬ヶ岳を源流に、富山県朝日町と新潟県糸魚川市の境を日本海に注ぐ流路13kmほどの境川の河口の左岸側、朝日町境の海岸。この海岸はヒスイ海岸の一部でもある。ここでは、境川から運ばれる泥岩がお目当て。手取層群という恐竜の時代の地層中に、二枚貝などの化石が入っている。化石入りの泥岩は、できれば境川の上流で採集したいところだが、このあたりは朝日町に通行申請をしなければならない。そこで手軽に採集できる河口付近を選んだ。

↓境川河口左岸の海岸。波打ち際に小石が多い。このなかから、化石入りの泥岩を探す。

↑河口の流れに沿った砂礫地でも化石入りの泥岩を探した。

▲地勢図に発電所の記号がある。この付近にある大平トンネル下の川原で化石入りの泥岩が採集できる。さらに上流の寺谷は天然記念物のアンモナイトの産地がある。(国土地理院発行20万分の1地勢図「富山」平成18年修正)

↑境川河口の鉄橋を渡る北陸本線の列車。

境川左岸の河口の海岸で採集した石ころ。境川の上流からは、泥岩や砂岩、礫岩、頁岩、凝灰岩などが多い。結晶片岩や緑色岩などの変成岩、火成岩は支流の上路川から運ばれたものだろう。

溶結凝灰岩（火成岩）。黒っぽいガラス質がまじっている。

さまざまな火山礫がまじった凝灰岩（堆積岩）。

結晶片岩（変成岩）。光にかざすと表面がきらりと光る。

石英閃緑岩（火成岩）。白い鉱物はほとんどが斜長石。境川ではほとんど見かけない。

白っぽい大きな斑晶がまじる。石英斑岩（火成岩）。

化石の入った泥岩（堆積岩）。貝類だろうか。このレベルの化石入り泥岩であれば、海岸でもひろえる。

朝日町境川河口の海岸データ 富山県朝日町と新潟県糸魚川市の境を日本海にそそぐ。境川の左岸側、朝日町境の海岸。

富山県 No.53

片《かた》貝《かい》川《がわ》魚《うお》津《づ》市《し》の川原

見どころ 眼球状片麻岩と花崗岩。

採集場所 魚津市東尾崎、片貝大橋下の右岸の川原。

参考地図 20万分の1地勢図「富山」、2万5000分の1地形図「三日市」

←片貝大橋付近は下流にあたるが、川原にはひと抱えもあるような大きな石ころがころがっている。その多くが、片麻岩や花崗岩だ。

↓上流は雨。増水が始まった。川原の石ころが、流れをかぶり始めた。これ以上川原にいるのは危険だ！

片貝川の上流域の地質を「20万分の1日本シームレス地質図」で調べると、飛騨山地に分布する約２億5000万年前から２億年前の変成岩の地層が横たわっている。これを教えてくれるように、片貝川の下流の川原には、片麻岩や花崗岩の石ころがごろごろころがっている。高温高圧のもとでつくられた眼球状片麻岩は、他の地域の川原では見られない。

↓片貝大橋付近の石ころ。眼球状の紅色に染まった長石を含んだ片麻岩の石ころが多い。

▲片貝川は急流の川。片貝川が、標高 2000m の源流から河口まで 27km ほどしかないことを 20 万分の 1 地勢図で確かめよう。（国土地理院発行 20 万分の 1 地勢図「富山」平成 18 年修正）

花崗岩の大きな石に、川原の小石をならべた。

高温高圧のもとでつくられたという眼球状片麻岩（変成岩）。眼球状の長石だけは押しつぶされていない。

紅色のカリ長石が多い花崗岩（火成岩）。

白っぽい鉱物が多い花崗岩（火成岩）。ニワトリのたまごのような形の石ころ。

白っぽい鉱物はほとんど斜長石の石英閃緑岩（火成岩）。

うっすらと流紋の模様が出ている流紋岩（火成岩）。

白と黒の斑晶がまじる安山岩（火成岩）。

片麻岩（変成岩）。押しつぶされた白っぽい鉱物と黒っぽい鉱物が縞模様にならぶ。

表面がみがかれすべすべした礫岩（堆積岩）。

片貝川データ 水源：魚津市の毛勝山付近　流路全長：27㎞　河口：魚津市と黒部市の境で富山湾にそそぐ。

富山県
No.54

神通川《じんづうがわ》富山市《とやまし》の川原

見どころ 片麻岩や花崗岩の礫がつまった礫岩。

採集場所 富山市葛原《つづはら》、大沢野大橋下流の左岸の川原。

参考地図 20万分の1地勢図「富山」、2万5000分の1地形図「八尾」

岐阜県では「宮川」と呼ばれる。県境付近で高原川と合流したあと富山県に入り神通川となる。片貝川と同様に飛騨変成岩帯を流れ下るので、片麻岩をはじめ色鮮やかな変成岩の礫がつまった礫岩などの石ころが、下流の川原に運ばれている。とくに、自然のみごとなパッチワークの礫岩は、ぜひとも持ち帰りたい石ころのひとつ。

▲蛇行している流れがぶつかるところは、崖や急斜面になっているところが多い。堤防の外側の水田の記号があるが、堤防ができる前は川原だったのだろう。（国土地理院発行2万5000分の1地形図「八尾」平成6年修正測量）

↑大沢野大橋下流の左岸の川原。川原には、観賞用の水石を探す人がよく訪れる。

←流れの方向に傾むいている川原の石ころ。増水したとき、下流に流されたときにこのような形になる。「かわらがさね配列」と呼ばれる。

↑川原にはひと抱えもある大きな石ころがころがっている。大きな石ころの間に運ばれた小石のなかから、気に入ったものを採集する。

片麻岩や花崗岩の礫がみごとなパッチワークでつまっている礫岩（堆積岩）。長径 18㎝もあり、あまりにも重いので持ち帰るのをあきらめた石ころである。

これも、片麻岩や花崗岩の礫がつまっている美しい礫岩（堆積岩）。

花崗片麻岩（変成岩）。黒と白の鉱物が一定方向にならんでいる。

花崗岩（火成岩）。赤っぽいのはカリ長石が多いため。

流紋岩（火成岩）。流れ模様がうっすらと出ている紫がかった灰色の石ころ。

頁岩や石英などの礫もまじった礫岩（堆積岩）。

神通川データ
水源：岐阜県飛騨地方のの川上岳《かおれだけ》　流路全長：120㎞
河口：富山市で富山湾にそそぐ。

富山県 No.55 黒部川《くろべがわ》河口《かこう》入善町《にゅうぜんまち》の海岸

見どころ 色とりどりの花崗岩の仲間。

採集場所 入善町芦崎の海岸。

参考地図 20万分の1地勢図「富山」、2万5000分の1地形図「青木」

黒部川河口付近は、海岸線が円弧の形で最も海に突き出した扇状地形の典型的な形を見せている。しかも、海底100mほどの深さまでゆるやかな傾斜が続いているという。当然のことながら、河口付近の海岸で見られる石ころは、おもに黒部川が上流から運んできたものだ。上流の地質を反映するように、花崗岩類が圧倒的に多い。水通しのよい花崗岩の礫でできた黒部川扇状地は地下水が豊富で、海岸線では湧水地がいたるところで見られる。

←石ころがならぶ芦崎の海岸。扇状地先端の海岸線の浸食が進んでいる。海岸線が狭くなっている。いたるところで、沖に消波ブロックが置かれるようになった。

→下黒部橋から黒部川河口付近を見渡す。河口の右岸側に芦崎の海岸がある。

↑海岸にも浸食を止めるコンクリートのブロックが置かれている。そのブロックつなぎ目のすき間に、手頃な石ころが入り込んでいる

▲黒部峡谷で谷をけずった黒部川の激流は土砂を運び続け、宇奈月町愛本付近を扇頂に広大な扇状地をつくった。20万分の1地勢図では、その扇状地形をひと目で確かめることができる。(国土地理院発行20万分の1地勢図「富山」平成18年修正)

どれも大きさ３～４㎝ほどの小石。美しい小石は、花崗岩のなかまや礫岩やチャートなど。

ピンク色のカリ長石の結晶がたくさんはいった花崗岩(火成岩)。

花崗岩(火成岩)。ほとんどが白っぽい鉱物でできている。アプライトだろうか。

花崗岩(火成岩)。黒雲母のごく細かな粒が入っている。

閃緑岩(火成岩)。白いおにぎりにふりかけのりをまぶしたようだ。

礫岩(火成岩)。頁岩、砂岩、チャートなどの礫がいっしょに固まっている。

頁岩(堆積岩)。碁石のような真っ黒な石ころ。

眼球状片麻岩(変成岩)。片貝川の川原でも同じ石ころを見た。

蛇紋岩(変成岩)。黒っぽい地に、青っぽいぬめりがついている。

黒部川データ 水源：富山県と長野県の県境にある鷲羽岳　流路全長：85㎞
河口：入善町と黒部市の境で日本海に注ぐ。芦崎の海岸は、黒部川河口の右岸側。

石川県
No.56

能《の》登《と》半島《はんとう》琴《こと》ヶ《が》浜《はま》・長《なが》手《て》島《じま》・黒崎《くろさき》の海岸

見どころ 西海岸の花崗岩、東海岸の火砕岩。

採集場所A 羽咋市柴垣町、長手島の海岸。 **採集場所B** 輪島市門前町、琴ヶ浜。

採集場所C 七尾市黒崎町の海岸。

参考地図 20万分の1地勢図「七尾」「富山」、2万5000分の1地形図「柴垣」「剣地」「虻ガ島」

能登半島の地質を「20万分の1日本シームレス地質図」で見ると、七尾市の南の石動山付近では、2億年前頃の花崗岩や変成岩が見られるが、その他はもっと新しい2000万年前頃の火山岩類で覆われている。ところが実際に半島の海岸をいくつも訪ねると、さまざまな石ころが見られる。20万分の1地質図では記せず省略した地質がたくさんあるのだろう。

←門前町の琴ヶ浜(B)。白い砂浜と浜にせまる玄武岩の崖とが対照的だ。

▲能登半島略図。

↑琴ヶ浜(B) では、かかとで砂を突っつくと、キュッ、キュッと砂が鳴る。鳴き砂だ。砂は0.5㎜ほどの石英を多く含む粒でできている。

↓長手島の海岸(A) にころがる大きな花崗岩の石。このあたりでは花崗岩が多い。

↓安山岩の岩礁が見られる黒崎町の海岸(C)。ここには地球の火山活動の激しさを見せつける火砕岩がむき出しになっている。

花崗岩の結晶が大きくなった岩石はペグマタイト（火成岩）と呼ばれる。A

やや風化が進んだ花崗岩（火成岩）。結晶がぼろりとはがれ落ちる。A

きれいに卵形にみがかれた花崗岩（火成岩）。B

片理と呼ばれる平行な面が特徴の結晶片岩（変成岩）。B

玄武岩（火成岩）。大小のガスがぬけたあとがある。B

火山ガラス（火成岩）。割れ口は黒曜石のように鋭くない。C

火砕岩（火成岩）。ガラス質に冷え固まった火砕岩。小さな石ころだが、火山活動の激しさが伝わってくる。C

安山岩（火成岩）。火砕岩のかけらがついている。C

能登半島データ 石川県の北側、日本海に突き出した半島。
七尾市付近から東に折れ、富山湾を形づくっている。

福井県 No.57

九《く》頭《ず》竜《りゅう》川《がわ》勝《かつ》山《やま》市《し》の川原

見どころ 片麻岩と花崗岩。

採集場所 勝山市遅《おそ》羽《わ》町《ちょう》千代田、勝山橋上流の左岸の川原。

参考地図 20万分の1地勢図「金沢」、2万5000分の1地形図「山王」

九頭竜川の流域面積は、支流の真名川、日野川などを合わせ福井県の面積のおよそ70%を占める。まさに福井県の川だ。約2億5000万年前の飛騨変成岩、約２億年前の船津花崗岩、１億4000万年前から1億年前の手取層など、古い地質を流れ下ってくる。それで、下流の川原にはさぞかし変成岩の石ころが多いかと期待して出かけると、それが思いのほか少ない。しかし、探し当てる楽しみがあるので、何度でも訪れたい川原だ。

▼地形図では、石ころ採集地点近くまで「軽車道」が記されている。鮎釣りの季節はたくさんの車が出入りする。堤防が切れている箇所があるが、これは洪水時に水をにがすための工夫。（国土地理院発行２万 5000 分の１地形図「山王」平成 22 年更新）

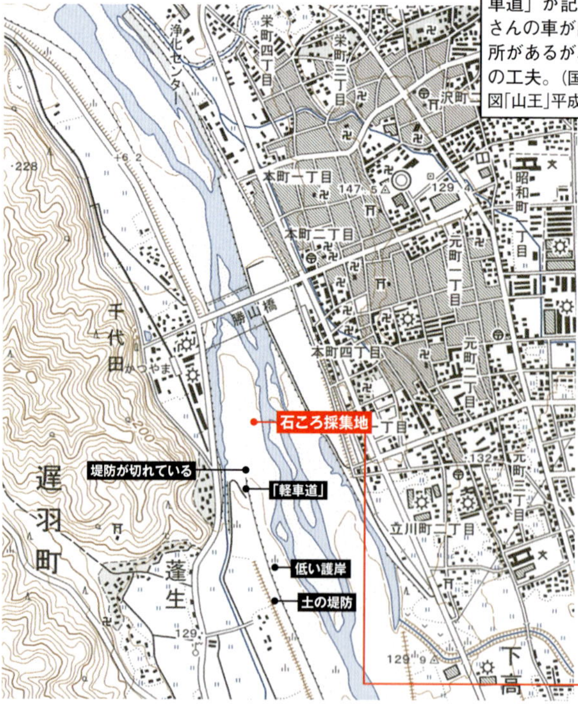

↓九頭竜川は水量が多く、川底に適当な大きさの石ころがあるので鮎釣りの名所。鮎は、石ころの表面についた藻類をエサにする。

←勝山橋上流 500m の左岸の川原。源流近くは変成岩の地質地帯となっているが、下流のこのあたりでは変成岩の石ころが極端に少ない。

花崗岩（火成岩）。表面がざらざらしている。

花崗岩（火成岩）。表面はなめらかだが、ぽろりと白い結晶がはがれた。

花崗片麻岩（変成岩）。見かけは花崗岩。白と黒の鉱物が一定方向にならんでいる。

安山岩（火成岩）。でこぼこの形の石ころ。灰色の地に大小の斜長石の斑晶が入っている。

安山岩（火成岩）。全体はガラス質またはごく細かな石基。斜長石の斑晶が入っている。

ひん岩（火成岩）。灰色の地が少し粗い結晶。斜長石の大小の斑晶がたくさん入っている。

ざらざらとした手触りの流紋岩（火成岩）。石英の粒がところどころに入っている。

流紋岩（火成岩）。風化作用で岩石のなかの鉄分が茶褐色の年輪模様となったといわれる。

流紋岩（火成岩）。白っぽい地に小豆色の流れ模様がある。

礫岩（堆積岩）。砂岩に細かな色とりどりの礫が入っている。深く傷が入っている。

砂岩（堆積岩）。ごく細かにそろった砂粒の砂岩。

凝灰岩（堆積岩）。やや緑がかった灰色の石ころ。礫と火山灰が固まったもの。

九頭竜川データ 水源：福井県と岐阜県との県境にある油阪峠　流路全長：116km
河口：福井市で日本海にそそぐ。

滋賀県 No.58 安曇川高島市《あどがわたかしまし》の川原・琵琶湖畔《びわこはん》

見どころ	砂岩、チャートなどの堆積岩類。
採集場所A	高島市安曇川町常磐木、常安橋下の右岸。
採集場所B	高島市今津町南新保の湖畔。
採集場所C	高島市マキノ町海津の湖畔。
参考地図	20万分の1地勢図「岐阜」「宮津」、2万5000分の1地形図「今津」「海津」

安曇川は、琵琶湖にそそぐ川として、流域面積は最大、対岸の野洲川《やすがわ》につぐ流路全長をもつ。朽木村からは南へ琵琶湖と平行に断層に沿ってほぼ直線に流れる。地質図では、砂岩やチャートなど堆積岩でできた約1億7600万年から1億4600万年前の地層を流れている。そして、安曇川の琵琶湖寄りには花崗岩をはじめ火成岩の山地が連なる。川原の石ころも、この上流の地質を反映している。河口には大きな扇状地をつくっている。これにより安曇川がいかにたくさんの土砂を運んだかわかる。河口から離れた湖畔でも、安曇川で見られた石ころがころがっている。

←安曇川の河口から5kmほど上流にある常安橋のたもと。ここからA地点の川原に下りる。

→C地点の湖畔には、波よけの石垣がある。この前方の浜で、大理石の石ころを見つけた。

↑A地点から7.5kmほど北にあるB地点の今津町南新保の湖畔。

▲安曇川・琵琶湖略地図。

↓常安橋から下流の川原を見渡す。JR湖西線の鉄橋が見える。蛇行する安曇川の流れの左右に形がそろったきれいな石ころがならんでいる。ここが略地図のA地点の石ころ採集場所。

斜めに線の傷がついている砂岩（堆積岩）。A

砂岩（堆積岩）。黒っぽい砂粒が円を描いている。A

割れたときのままの形のチャート（堆積岩）。硬い石ころだ。A

しわくちゃの形のチャート（堆積岩）。ひびも入っている。A

花崗岩（火成岩）。表面はざらざらしている。A

斑れい岩（火成岩）。白っぽい斜長石のすき間に黒っぽい緑色の結晶がつまっている。A

どれもチャート（堆積岩）。湖畔では、四角い形のチャートが多い。（左下長径 5㎝）B

傷だらけの花崗岩（火成岩）。黒っぽい鉱物は少ない。B

流れ模様がうっすらとついた流紋岩（火成岩）。B

石灰岩（堆積岩）が変成作用をうけてできた大理石（変成岩）。近くのマキノ鉱山跡付近から運ばれたものだろうか。それとも伊吹山から姉川を経て湖岸を運ばれたものか。C

安曇川データ 水源：京都市丹波高地の百井峠　流路全長：52㎞　河口：高島市安曇川町で琵琶湖にそそぐ。（琵琶湖は、面積670.25㎢、周囲長241㎞の日本最大の湖）

三重県
No.59

紀《き》伊《い》半《はん》島《とう》七《しち》里《り》御《み》浜《はま》

見どころ 珪質の模様の美しい石ころと那智黒石。

採集場所 御浜町阿田和、道の駅前の海岸。

参考地図 20万分の1地勢図「木本」、2万5000分の1地形図「阿田和」

七里御浜の海岸は、北から南まで約20㎞にわたって、黒や白、それから美しい模様でみがかれた石ころの海岸が続いている。その上を歩くと、足がめり込んでいきそうなのは、石ころがつるりときれいに波に洗われ、みがかれているからだろうか。海岸にころがる美しい小石は「御浜小石」と呼ばれ、1960年頃までは、建築の装飾用にさかんに使われた。七里御浜の石ころは、どれをとっても美しい。ぜひ訪ねて、お気に入りの石ころを見つけよう！

▼針葉樹の記号が海岸に沿って続いている。これは海沿いに植えられた松の防風林だ。海岸線から国道までは標高差 15m ほどある。5m、10m、15m の等高線を地形図で確かめよう。（国土地理院発行２万 5000 分の１地形図「阿田和」平成 15 年更新）

→七里御浜の海岸はどこも石ころがならぶ浜だ。等高線で記されているように、波打ち際から防風林まで標高差 15m もあり、なだらかな斜面になっていることがわかる。

↓七里御浜の北端、熊野市の獅子岩（左）。海に向かってほえているようだ。このあたりまでくると、海岸の石ころが小さくなる。

↓御浜町阿田和の道の駅からは、歩道橋を渡って海岸に出る。七里御浜の石ころの多くは、南の紀宝町を河口とする熊野川から流れ出たものという。

石英斑岩（火成岩）。半透明の石英の結晶がたくさん入っている。

石英斑岩（火成岩）。流紋岩のようだが、この石ころにも石英の結晶が点々と入っている。

石英斑岩（火成岩）。大きな斜長石の斑晶や小さな石英の斑晶がまじっている。

チャート（堆積岩）。深い傷は残っているが、この硬いチャートが丸くみがかれている！

おそらく泥岩（堆積岩）だろう。それとも頁岩か。カッターの刃で傷がつく。

泥岩（堆積岩）。きれいにみがかれている。どのようにしてこのような模様がついたのだろうか。

この泥岩（堆積岩）には、黒っぽい地にうっすらと淡い黄土色の模様が入っている。

黒っぽい頁岩の礫が入った礫岩（堆積岩）。手触りがすべすべしている。

礫岩（堆積岩）。細かな同じ色の大小の礫がびっしりとつまっている。

砂粒の大きさがそろっているきれいな砂岩（堆積岩）。

緻密な真っ黒な頁岩（堆積岩）の石ころ。三重県熊野市神川町で採れる「那智黒石」だと粘板岩（堆積岩）とされる。

七里御浜データ 三重県熊野市から南へ紀宝町まで約20kmにわたって続く熊野灘に面した砂浜海岸。

三重県 No.60

淀川水系

木津川《きづがわ》伊賀市《いがし》の川原

見どころ 片麻岩と花崗片麻岩。

採集場所 伊賀市島ヶ原、オートキャンプ場下の左岸の川原。

参考地図 20万分の1地勢図「名古屋」、2万5000分の1地形図「島ヶ原」

三重県伊賀市といえば忍者の里。石ころファンにとっては、大地の底で生まれてから1億年以上もかけて地上に出た変成岩の片麻岩や、深成岩の花崗岩の石ころが、木津川の川原にころがっているということがさらに魅力的。片麻岩は、見かけは白っぽい鉱物と黒っぽい鉱物がやや縞模様をつくっている石ころ。一度、これだと教えてもらえれば、だれにでもわかり簡単に採集できる。

↑オートキャンプ場から見渡した、木津川の川原の石ころ採集地。下の川原は、石ころのほか川砂が広がっている。石英の粒が多いので白っぽく見える。

→木津川の上流の支流、青蓮寺川は片麻岩や花崗岩の地質を流れ下る。奈良県曽爾村のぬるべ橋下でも片麻岩や花崗岩を採集した。

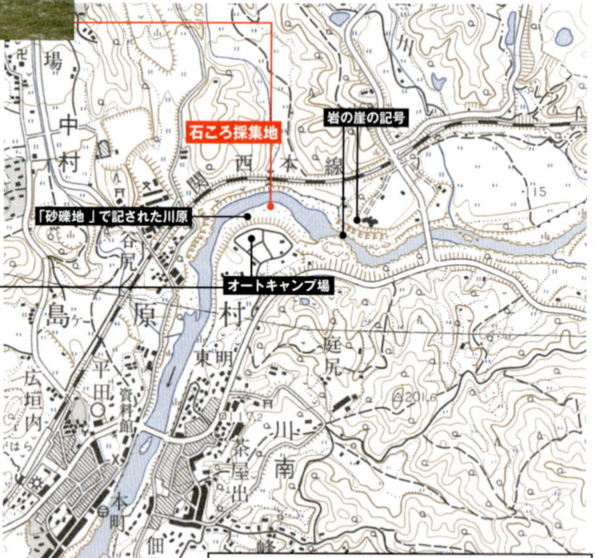

▲地形図に「島ヶ原村」とあるのは、測量されたときの地名。現在は合併して、「伊賀市島ヶ原」だ。岩の崖のある川幅がせまくなっているところは急流になっている。（国土地理院発行２万5000分の１地形図「島ヶ原」平成11年修正測量）

↑上の大地がオートキャンプ場。採集した石ころを砂の上にならべて、持ち帰る石ころを選ぶ。

←岩の記号で記された場所。川幅がせまく急流になっているので危険。近づかないようにしよう。

片麻岩(変成岩)。白っぽい鉱物と黒い鉱物が、ぼんやりと縞模様をつくっている。ただし、板状には割れない。

片麻岩(変成岩)。

脈岩。片麻岩(変成岩)に石英の脈が入り込んだのだろうか。

白っぽい鉱物の結晶が大きな花崗岩(火成岩)。

白っぽい鉱物も黒っぽい鉱物も、それぞれ結晶の粒が小さい花崗岩(火成岩)。

礫岩(堆積岩)。チャートや砂岩などの礫が黒っぽい礫のなかにまじっている。

花崗片麻岩(変成岩)。白と黒の鉱物の結晶が一定方向にならんでいる。

チャート(堆積岩)。打ち付けた箇所が白っぽくなっている。

凝灰岩(堆積岩)。灰色の火山灰に小さな礫がまじっている。

木津川データ 水源:三重県伊賀市の青山高原　流路全長:89km
合流:名張川と合流後、宇治川に合流して淀川となる。

三重県 No.61 雲出川《くもずがわ》津市《つし》の川原

見どころ 片麻岩と花崗岩。

採集場所 津市一志町《いしちょう》井生《いう》。

参考地図 20万分の1地勢図「伊勢」、2万5000分の1地形図「大迎《おおのき》」

地質図で雲出川の上流を調べると、そのほとんどの地域は花崗岩で覆われ、ところどころに変成岩が入り込んでいる。そのため、一志町井生の川原には、花崗岩や片麻岩の石ころが目立つ。上流からの砂礫をさかんに下流に運んだ川だという証拠に、河口には大きな三角州ができている。

←赤岩橋の上流には堰がある。地形図ではどのように記されているか見くらべてみよう。

→赤岩橋とならんで、新緑の雲出川に鯉のぼりがたなびいている。この下が石ころ採集地だ。

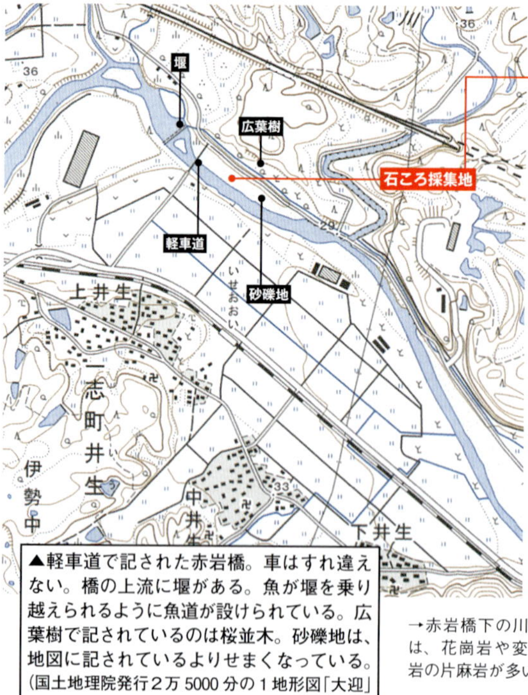

▲軽車道で記された赤岩橋。車はすれ違えない。橋の上流に堰がある。魚が堰を乗り越えられるように魚道が設けられている。広葉樹で記されているのは桜並木。砂礫地は、地図に記されているよりせまくなっている。（国土地理院発行2万5000分の1地形図「大迎」平成19年更新）

→赤岩橋の下には、右岸の地層がむき出しになっている。小さな丸い穴は、ポットホール。かつてこの上を水が流れ、浸食でくぼんだところに礫が入って、渦まく流れに削られてできた穴である。

→赤岩橋下の川原は、花崗岩や変成岩の片麻岩が多い。

花崗岩（火成岩）。ピンク色の大きな結晶はカリ長石。

片麻岩（変成岩）や花崗岩（火成岩）などの小石。並べてみるときれいだ。

白い鉱物がひとつの方向にならんでいる。花崗片麻岩（火成岩）だろうか。

花崗岩（火成岩）。表面がざらざらして結晶がはがれ落ちる。

片麻岩（変成岩）を取り込んだ閃緑岩（火成岩）。

深く傷が入った斑れい岩（火成岩）。黒い鉱物の結晶の間をうめるように白い結晶がつまっている。

絣模様のような斑れい岩（火成岩）。

半透明の石英の大きな結晶が集まっているアプライト（火成岩）。

片麻岩（変成岩）。白い鉱物と黒い鉱物が縞模様にならんでいる。

閃緑岩（火成岩）。緑っぽい黒い鉱物は角閃石。

火山灰が固まったような白い部分と小さな礫がまじっている。凝灰岩（堆積岩）だろうか。

雲出川データ
水源：三重県と奈良県の県境の三《み》峰《むね》山《やま》　流路全長：55㎞
河口：津市香良洲町で伊勢湾にそそぐ。

京都府 No.62

由《ゆ》良《ら》川《がわ》綾部《あやべ》市《し》の川原

見どころ 色とりどりのチャート。

採集場所 綾部市青野町、JR山陰本線鉄橋の下流500mの左岸の川原。

参考地図 20万分の1地勢図「京都及大阪」、2万5000分の1地形図「綾部」

石ころ採取地の青野町の由良川の川原は、今は草や灌木に覆われているが、かつては広い石ころの川原が広がっていたのだろう。その証拠に、草の根元には石ころがころがっている。石ころの川原は、流れの際にまでせばまってしまった。川原には、チャート、礫岩、砂岩、泥岩など堆積岩が圧倒的に多い。

↓灌木と草が茂る堤防と川原の間の道。

▲堤防から軽車道の記号で記された道路がある。鮎釣りの人の車が出入りしている。対岸には低い土の崖があるが、竹林が覆いかぶさって見えない。(国土地理院発行2万5000分の1地形図「綾部」平成22年更新)

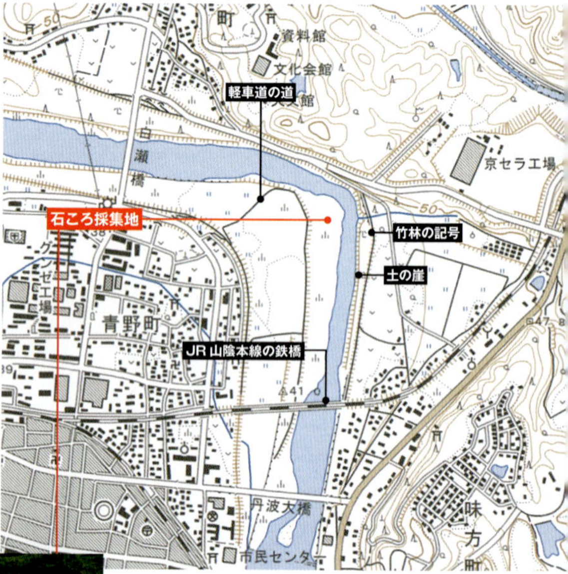

↓踏みあとをたどって川原に出る。

↓川原には、拳よりも大きな石ころがごろごろ横たわる。大きな石ころのすき間にある手のひらに乗るほどの石ころを探す。

↓水量の多い由良川。上流の鉄橋を山陰本線の列車が渡っている。

灰色でしわくちゃの結晶片岩（変成岩）。

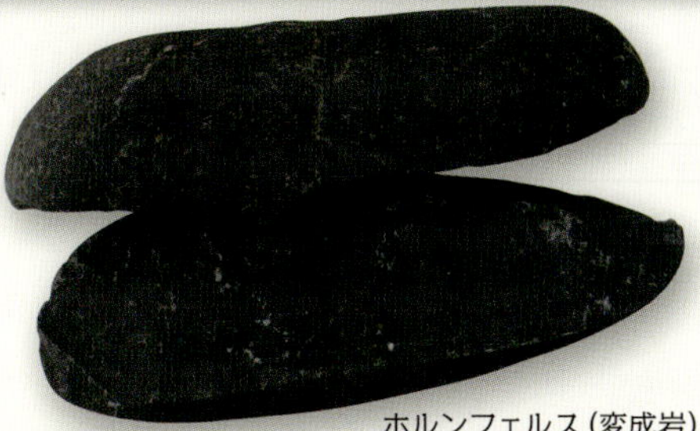

ホルンフェルス（変成岩）。割ったら鋭い割れ口。ごく細かな斑点がある。

ごつごつした形のチャート（堆積岩）。

細い白い糸でしばられたような模様のチャート（堆積岩）。

赤紫色の美しいチャート（堆積岩）。

凝灰岩（堆積岩）、変成作用をうけた緑色岩（変成岩） かもしれない。

赤紫を帯びた緑色岩（変成岩）。鉄分を多く含んでいたので酸化したのだろう。

灰色と赤茶色の礫がまじった礫岩（堆積岩）。

流紋岩（火成岩）。灰色っぽい細い石英の筋が入っている。

斑れい岩（火成岩）。緑っぽい黒い角閃石の結晶の間をうめるように白い斜長石が入っている。

片麻岩（変成岩）。白と黒の細かな鉱物の結晶が縞模様にならんでいる。

由良川データ
水源：滋賀県と福井県の県境にある丹波高地の三国岳　流路全長：146km
河口：舞鶴市と宮津市の境で日本海にそそぐ。

奈良県
和歌山県
No.63

吉野川《よしのがわ》吉野町《よしのちょう》・紀ノ川《きのかわ》かつらぎ町《ちょう》の川原

見どころ 結晶片岩、特に紅れん石片岩。

採集場所A 和歌山県かつらぎ町、道の駅「紀の川万葉の里」前の右岸の川原。

参考地図 20万分の1地勢図「和歌山」、5万分の1地形図「吉野山」、2万5000分の1地形図「粉河」

紀ノ川は、中央構造線の南側に沿って流れ下っている。奈良県では吉野川と呼ばれる。桜の名所吉野町には上市橋の上下に広い川原がある。ここでは、砂岩や泥岩がよく目につくが、花崗岩などの火成岩や結晶片岩などの変成岩のきれいな石ころもころがっている。上市橋から45kmほど下流のかつらぎ町の道の駅前の川原（A）は、さまざまな変成岩が競うようにならぶ。

←上市橋の下流側には近鉄吉野線の鉄橋がある。石ころはどれもきれいで、すべて持ち帰りたくなる。

→吉野町の上市橋と上流側の桜橋の間の川原には、黒色片岩の岩がもりあがっている。地中深く、とてつもなく大きな力で岩石をつくり変えた地球の営みを教えてくれる。

▶和歌山県かつらぎ町付近の地形図。左岸右岸とも、堤防の記号が二重にならんでいる。大雨で増水すると、流路いっぱいに濁流が下る。ふだんは、広い川原のなかを静かに蛇行している。（国土地理院発行２万5000分の１地形図「粉河」平成12年修正測量）

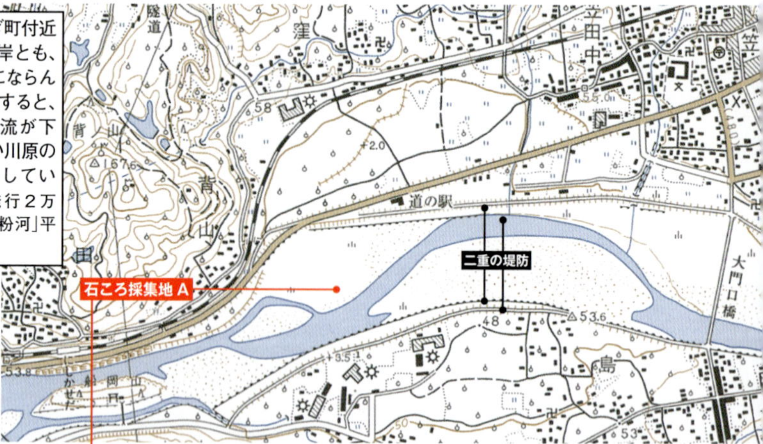

↓道の駅前の右岸の川原(A)。上流の上市橋付近寄りも下流なのに、大きな石ころがならんでいる。なぜだろう。

→道の駅「紀の川万葉の里」の駐車場の目の前が紀ノ川の川原。このような美しい川原を目前にすると、心躍る。

灰色で石英のうすい脈がくしゃくしゃに入っている結晶片岩（変成岩）の石ころ。（A上流の吉野町）

緑色岩（変成岩）。黒い短い線がいくつも入っている。（A上流の吉野町）

花崗岩（火成岩）。黒っぽい鉱物の雲母が風化して褐色になっている。（A上流の吉野町）

片麻岩（変成岩）。白っぽい鉱物と黒っぽい鉱物がほぼ一定方向にならんでいる。（A上流の吉野町）

結晶片岩（変成岩）。上市橋上流の川原の黒色片岩の露頭と同じ石ころだ。（A上流の吉野町）

緑っぽい黒い角閃岩の結晶のすき間を白っぽい鉱物がうめている斑れい岩（火成岩）。（A上流の吉野町）

結晶片岩（変成岩）。オリーブ色。陽の光にかざすと雲母がきらりと光る。A

結晶片岩（変成岩）の紅れん石片岩。美しさ、圧巻！A

結晶片岩（変成岩）。ごく細かな黒い粒がふりかけられたような石ころ。A

蛇紋岩（変成岩）。青白いぬめり模様がある。A

緑色岩（変成岩）。緑色の地に、白っぽい粒が斑点状にちりばめられている。A

砂岩（堆積岩）。半透明の白い筋は石英脈。A

吉野川・紀ノ川データ
水源：奈良県と三重県の県境の大台ケ原
流路全長：136km　河口：和歌山市で紀伊水道にそそぐ。

和歌山県 No.64

有田川有田川町《ありだがわありだがわちょう》の川原

見どころ チャートと個性的な小石たち。

採集場所 有田川町庄、中央大橋下の左岸の川原。

参考地図 20万分の1地勢図「和歌山」、2万5000分の1地形図「湯浅」

紀ノ川の南をほぼ平行に流れる。川原では、流域の地質を反映して、堆積岩や変成岩が多く見られる。これに、火成岩の石ころも加わる。河口から上流まで、のどかな風景が続く。石ころひろいと散策をいっしょに楽しめる川だ。

↓有田川河口からさかのぼって約13㎞の地点にある中央大橋。右手に駐車スペースがある。

↓中央大橋から上流方向の川原を見渡す。石ころの川原は年ごとにせまくなっている。

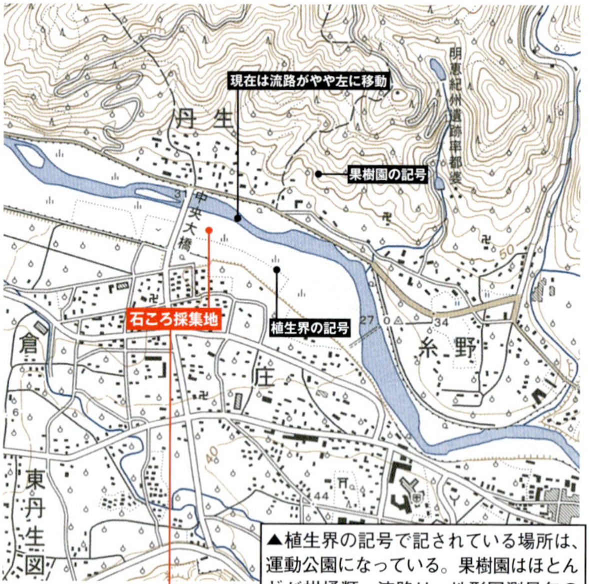

▲植生界の記号で記されている場所は、運動公園になっている。果樹園はほとんどが柑橘類。流路は、地形図測量年のあと、やや左岸寄りに移動したようだ。(国土地理院発行2万5000分の1地形図「湯浅」平成18年更新)

↓流路ぎわの石ころは、泥で汚れている。なんの石ころが判明できない。増水時に泥水をかぶったのだろう。

↓岸から離れた草が生えている川原には、きれいな石ころがいっぱいある。ここで石ころ採集をした。

個性的な小さな石ころたち。右下の一番大きな結晶片岩(変成岩)でも長径55㎜ほど。

やや粗い砂粒でできた砂岩(堆積岩)。

暗緑色の粒に白っぽい斜長石がちりばめられた閃緑岩(火成岩)。

斑れい岩(火成岩)。黒っぽい結晶は輝石。白っぽい斜長石が入ってかすり模様となっている。

黒い地に青っぽいぬめりがこびりついたような蛇紋岩(変成岩)。

結晶片岩(変成岩)。緑がかった灰色の平べったい石ころ。

チャート(堆積岩)。まるで和菓子のような色と形。実物はとてつもなく硬い石ころ。

有田川データ 水源:和歌山県高野町の揚《よう》柳《りゅう》山《さん》　流路全長:94㎞　河口:有田市で紀伊水道にそそぐ。

和歌山県 No.65

紀《き》伊《い》半《はん》島《とう》串《くし》本《もと》町《ちょう》姫《ひめ》の海岸

見どころ 自然のアート、みがかれた礫岩。

採集場所 串本町姫の海岸。

参考地図 20万分の1地勢図「田辺」、2万5000分の1地形図「串本」

本州最南端でしかも、紀伊半島最南端の潮岬、天然記念物の橋杭岩など観光地をそばに控えているが、姫の海岸は、南側に紀伊大島が横たわり、のどかで静かな海辺となっている。海岸そのものはせまいが、きれいな海ならではの、よくみがかれた石ころが、石ころファンを楽しませてくれる。

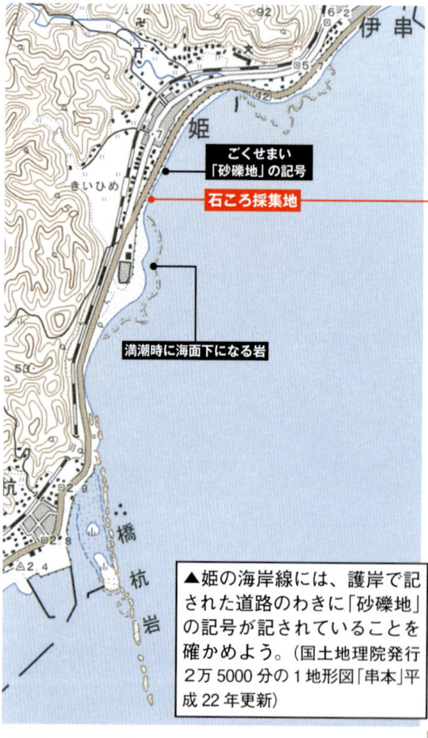

▲姫の海岸線には、護岸で記された道路のわきに「砂礫地」の記号が記されていることを確かめよう。（国土地理院発行2万5000分の1地形図「串本」平成22年更新）

↓串本町姫の海岸への下りる石段。海岸はせまいが、きれいな石ころがならぶ。

↓串本町姫の海岸から、橋杭岩をのぞむ。

↓干潮になると、橋杭岩のそばまで行ける。橋杭岩は、地層の割れ目にマグマが入ってきて固まった岩。のちに浸食されたり割れたりして、岩が杭のように残ったもの。

↓串本町姫の海岸の石ころ。砂岩や礫岩のほか、石英斑岩などの火成岩も見られる。

デイサイト(火成岩)。白い斜長石と半透明の石英の結晶、それに黒っぽい鉱物の角閃石の結晶がが少し。斑晶と石基が区別できる。

凝灰岩(堆積岩)。火山灰に、大小さまざまな礫がまじる。

石英斑岩(火成岩)。半透明の石英の結晶がちりばめられている。橋杭岩はこの岩石。

礫岩(堆積岩)。表面がつるつるとみがかれている。

礫岩(堆積岩)。大小さまざまな礫が固まった石ころ。

礫岩(堆積岩)。黒っぽい礫は頁岩。これも表面がつるつる。

砂岩(堆積岩)。小さな小石だが、模様や形がきれい。

灰色の石ころ。小さな穴があいている。

小さな穴をルーペでのぞいてみると水晶の赤ちゃんが！
小さな石ころの思わぬ贈りものだ。

姫の海岸データ 紀伊半島の本州最南端にある熊野灘に面した海岸。

兵庫県 No.66

加古川小野市《かこがわおのし》の川原

見どころ 流紋岩をはじめ白っぽい石ころ。

採集場所 小野市黍田町《きびたちょう》、万蔵《まんぞう》橋下流700mの右岸の川原。

参考地図 20万分の1地勢図「姫路」、2万5000分の1地形図「三木」

加古川は兵庫県最長の河川。上流には、河川争奪によってつくられた分水界が4カ所ある。河川争奪とは、となり合った河川の一方が浸食を進め、もう一方の流れを自分の流れに奪ってしまう地形だ。加古川の上流域の地質は、砂岩、頁岩、チャートでできているが、中流ではデイサイトや流紋岩の地質を流れ下る。そのため、小野市の川原では、流紋岩をはじめ、白っぽい火成岩の石ころが多い。

▶地形図で流路がせばまっているところを確かめよう。なお、地形図には、送電線の記号が記されているが、これは現在地を調べる目標物として利用できる。(国土地理院発行2万5000分の1地形図「三木」平成19年更新)

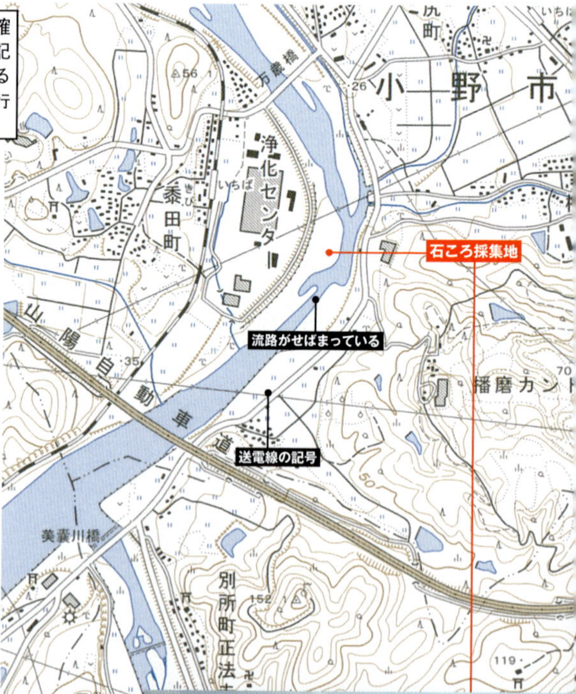

↑万蔵橋下流は、地形図に記されているようにせばまっている。そこは、江戸時代に、流紋岩をくだいて舟が行き来できるようにしたあとが残っている。「加古川流紋岩塊開削跡」として知られる。

↑丹波市氷上町石生《いそう》の「水分かれ」は標高わずか95m。日本全国で最も低い中央分水嶺。左手の流れは加古川をへて播磨灘に、右手の流れは由良川をへて日本海に運ばれる。

→川原には流紋岩や石英斑岩などの白っぽい石ころが多い。向こうに見える橋梁は山陽自動車道。

川原の流紋岩の岩畳の上に、川原で採集した石ころをならべた。白っぽい石ころが多い。

ほとんどが長石や石英など白っぽい鉱物でできた流紋岩（火成岩）。

石英斑岩（火成岩）。半透明の結晶は石英。

黒っぽい細かな結晶の岩石をとりこんだ花崗岩（火成岩）。

白いおにぎりにふりかけのりをまぶしたような閃緑岩（火成岩）。

安山岩（火成岩）。ガラス状の石基に大小の斑晶が入っている。

凝灰岩（堆積岩）。火山灰に赤、黒、白色の細かな礫が入っている。

チャート（堆積岩）。傷はそのまま立方体の透き通るような石ころ。

緑色岩（変成岩）。とても緻密な石ころだ。

加古川データ
水源：丹波市青垣町の粟《あわ》鹿《が》山　流路全長：96㎞
河口：加古川市と高砂市の境で播磨灘にそそぐ。

兵庫県

No.67

円山川《まるやまがわ》豊岡《とよおか》市《し》の川原

見どころ ひとつひとつの小石の個性を楽しもう。

採集場所 豊岡市日高町府中新、上郷橋下の右岸の川原。

参考地図 20万分の1地勢図「鳥取」「姫路」、2万5000分の1地形図「江原」

源流付近が砂岩、頁岩、粘板岩などの堆積岩の地質であることを反映して、豊岡市日高町府中新付近の川原にも同じ堆積岩の石ころが運ばれている。花崗岩や安山岩などの火成岩の地層も流れ下る。地質図で調べると、蛇紋岩や泥質片岩、ホルンフェルスなどをのぞき、流域には結晶片岩や片麻岩などの変成岩の地質はない。なお、円山川の下流の湿地は、コウノトリをはじめ重要な鳥類や昆虫などの種類が多いことで、2012年にラムサール条約に登録された。豊岡市街地から下流には、石ころを採集できる川原はない。

↑上郷橋から下流の流れ。左岸、右岸とも、ところどころに石ころの川原が見られる。

↑豊岡市日高町府中新の上郷橋。この橋の下が石ころ採集地。

▼20万分の1地勢図で円山川の流路を見ると、河口まで山地にはさまれて流れ下る様子がわかる。豊岡盆地には水田があり、玄武洞付近から河口付近にかけて湿地帯の中州があることも確かめられる。（国土地理院発行20万分の1地勢図「鳥取」平成22年要部修正）

↓豊岡市街地の下流には、雄大な玄武岩の柱状摂理が見られる玄武洞がある。

↓上郷橋下の川原は、水辺まで草が生ているが、その切れ目に石ころがならんでいる。

花崗岩（火成岩）。近畿地方から中国地方にかけては、赤みを帯びた花崗岩が多い。

閃緑岩（火成岩）に石英の脈が張りついたような石ころ。

斑れい岩（火成岩）。石英の脈が走っている。

安山岩（火成岩）。大小の白っぽい斜長石の斑晶がちりばめられている。

安山岩（火成岩）。灰色っぽいうす紫色の石ころ。ところどころに斜長石の大きな斑晶が。

表面が少しざらついた流紋岩（火成岩）。鉄分が酸化して赤茶の模様がついた。

緑色岩（変成岩）。手のひらにのせると、同じ大きさの石ころよりも重い。

ホルンフェルス（変成岩）。角ばった石ころ。ごく細かな穴が無数にある。

流紋岩（火成岩）。斑点状の白い鉱物が見える。それが風化してぬけたあともある。

粒がそろった砂岩（堆積岩）。さするとざらつく感じ。

チャート（堆積岩）。小さいなりに角ばったままの石ころ。

火山灰が固まった凝灰岩（堆積岩）。小さな岩片が斑点状に入っている。

円山川データ
水源：朝来《あさご》市生野町の円山　流路全長：68㎞
河口：豊岡盆地をへて豊岡市で日本海にそそぐ。

兵庫県 No.68

淡路《あわじ》島《しま》慶野《けいの》松原《まつばら》海岸・五色浜《ごしきはま》

見どころ	小さな美しい石ころ。
採集場所A	南淡路市松帆《まつほ》慶野《けいの》の慶野松原の海岸。
採集場所B	洲本市五色町の五色浜。
参考地図	20万分の1地勢図「徳島」、2万5000分の1地形図「都志」

慶野松原の海岸は、広い砂浜と黒松の松林の美しい海岸。波打ち際に小さな石ころが打ち上げられている。美しいものはほとんどがチャート。一方、五色浜は色鮮やかな小石「五色石」の浜として知られている。干潮時でも浜の幅は10mほど。五色石の出所は、海岸の裏山のようだ。小さな露頭を削ると、五色浜と同じ丸みのある小石がこぼれ落ちる。

←石ころ採集地Bの五色浜。国道からコンクリートの海岸を下りて、浜に出る。

←五色浜の海岸。波打ち際と平行に、石ころが縞模様にならんでいる。

↓慶野松原の松林は黒松だ。

←石ころ採集地Aの慶野松原の海岸。波打ち際に近いところに小さな石ころが集まっている。

▶石ころ採集地Aの慶野松原の海岸は、広い砂浜で針葉樹の記号で記された黒松林が広がる。石ころ採集地Bの五色浜は、擁壁の記号で記された国道のコンクリート壁の下のせまい砂浜となっている。(国土地理院発行2万5000分の1地形図「都志」平成16年更新)

慶野松原の海岸の小さな石ころたち。ほとんどがチャート。白い小石は石英。（右下の石ころで長径 18㎜）A

チャート（堆積岩）。丸くみがかれているが、割れたときの傷はそのまま。A

白い糸で巻かれたようなチャート（堆積岩）。A

五色浜の海岸の小さな石ころたち。左下から上ふたつめの結晶片岩以外はチャートか石英。慶野松原の海岸の小石よりもさまざまな色彩に富んでいる。（左上の石ころで長径 30㎜）B

慶野松原・五色浜データ 慶野松原の海岸は南淡路市の北側、播磨灘に面し、約2.5kmにわたる。五色浜はさらに北の、洲本市五色町の南北約2kmの砂浜。

鳥取県
No.69

岩美町大谷《いわみちょうおおたに》海岸

見どころ 溶結凝灰岩とさまざまな火成岩。

採集場所 鳥取県岩美町、大谷海岸。

参考地図 20万分の1地勢図「鳥取」、2万5000分の1地形図「浦富」

京都府の京丹後市から鳥取県の鳥取砂丘まで110㎞の山陰海岸は、花崗岩の断崖絶壁など絶景がくりひろげられ、2010年に「世界ジオパーク」に認定された。このなかで、浦富海岸の西に位置する大谷海岸では、別の景観がむかえてくれる。溶結凝灰岩をはじめ地中の激しいマグマの活動でもたらされた痕跡を、駟馳《しち》山のふもとの海岸で観察できる。なお、浦富地区の城原《しらわら》海岸は国の名勝・天然記念物にも指定されていて、岩石の採集は禁止されている。参考までに、撮影した石ころを紹介しよう。

↓浦富海岸は、どこでも花崗岩の岩でできていて、海岸が明るく見える。

↓大谷海岸から漁港の東へ行くと浦富海岸。このなかの城原の菜種五島は美しい赤っぽい花崗岩でできている。

↓大谷海岸は波静かな砂浜。シロギス釣りを楽しむ人が訪れる。

↓大谷海岸と駟馳山（左）。樹木に覆われているが、マグマの活動によってもたらされた溶結凝灰岩や火山岩の山。海岸の崖でこれを確かめることができる。石ころは崖下で採集。

▼海に突き出した駟馳山の崖を確かめよう。おとなり花崗岩の浦富海岸とは違う溶結凝灰岩や火山岩がむき出しになっている。干潮時なら崖下を歩くことができる。（国土地理院発行2万5000分の1地形図「浦富」平成17年更新）

溶結凝灰岩（火成岩）。黒っぽいところはガラス質の部分。溶岩の火砕流で押しつぶされてできた岩石。大小の礫も巻きこんでいる。

溶結凝灰岩（火成岩）。長径 9cm ほどの石ころだ。

凝灰岩（堆積岩）。淡い灰色の火山灰に大小の礫がまじった石ころも海岸で見られる。

凝灰岩（堆積岩）。安山岩の礫もまじっている。

流紋岩（火成岩）。溶岩が流れたときの縞模様がうっすらとついている。

安山岩（火成岩）。ところどころに白っぽい斑晶がちりばめられている。

花崗岩（火成岩）。つるつるにみがかれた花崗岩。（浦富城原海岸）

花崗岩（火成岩）。これは赤っぽいカリ長石が多い花崗岩。（浦富城原海岸）

流紋岩（火成岩）。凝灰岩に見えるが、透明な石英や半透明の斜長石の斑晶が見られる流紋岩だ。（浦富城原海岸）

大谷海岸データ 東の浦富海岸と西の鳥取砂丘にはさまれた海岸。砂浜は長さ400mほど。

島根県 No.70 江《ごう》の川《かわ》江津市《ごうつし》の川原

見どころ さまざまな火成岩。

採集場所 江津市桜江町谷住郷、桜江大橋上流700mの右岸の川原。

参考地図 20万分の1地勢図「浜田」、2万5000分の1地形図「川戸」

江の川は、中国山地を時計回りと反対方向に円を描くように、しかも激しく蛇行しながら日本海に流れ出る。20万分の1日本シームレス地質図で、流域の地質を調べた。上流は安山岩や流紋岩などの地質。この地質に貫入した花崗岩が見られる。中流の地域では花崗岩の仲間が分布している。このような地質を流れてくるので、川原の石ころは、安山岩や流紋岩、花崗岩が多い。変成岩の地質は下流にあり、石ころ採集地では結晶片岩は見られない。

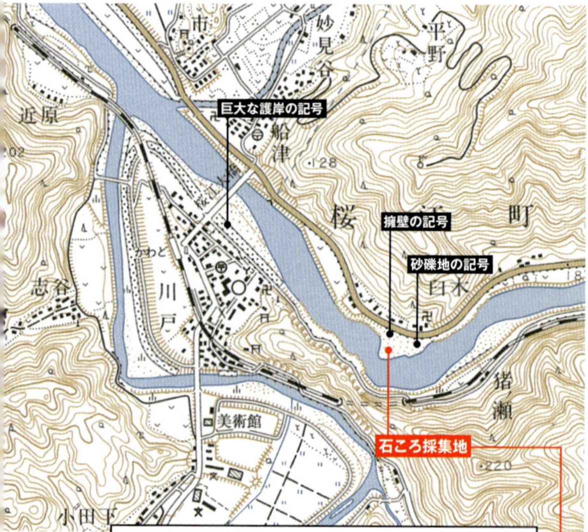

▲地形図では擁壁の記号で記されていて、川原へ下りる道がないようだが、卍(日笠寺)の記号を目印に、国道261を渡って川原へ下りる道がある。桜江大橋付近の川戸地区は大洪水に見舞われた地域。巨大な堤防が地形図で読み取れる。(国土地理院発行2万5000分の1地形図「川戸」平成13年修正測量)

↓地形図の卍(日笠寺)の前に、川原へ下りる道がある。一般の車は入れない。

↓桜江町谷住郷の右岸の川原から上流方向。小雨の降る日、まるで水墨画に描かれる景色のよう。

↓川原には、赤みを帯びた花崗岩が多い。下流方向の桜江大橋付近の左岸には、巨大な堤防が築かれている。

↓小さな斜面を下りて川原に出る。対岸にJR三江《さんこう》線が走っている。

凝灰岩(堆積岩)。火山灰と細かな礫が固まっている。

表面がざらざらした灰色のデイサイト(火成岩)。白っぽい斑晶がまじる。

安山岩(火成岩)。石基の部分がごく細かな結晶でできていて、ところどころにガラス質の部分がある。

結晶の大きな花崗岩(火成岩)。みがかれて表面がさらさらしている。

赤っぽいカリ長石が多い花崗岩(火成岩)。

石英斑岩(火成岩)。赤みを帯びた鉱物や半透明の鉱物が斑点状につまっている。

白地に暗緑色の結晶がたくさんちりばめられた閃緑岩(火成岩)。

石英の石ころ。カッターの刃が立たない硬い石ころだ。

ホルンフェルス(変成岩)。高温のマグマに泥岩や砂岩が触れて焼けた岩石。細かな穴がある。

江の川データ 水源：広島県北広島町高野の阿佐山　流路全長：194㎞
河口：島根県江津市で日本海にそそぐ。

岡山県 No.71

吉井川《よしいがわ》和気町《わけちょう》の川原

見どころ 色とりどりの花崗岩。

採集場所 和気町原、金剛川との合流点の下流の右岸の川原。

参考地図 20万分の1地勢図「姫路」、2万5000分の1地形図「和気」

岡山県には東から吉井川、旭川、高梁川の大きな川がならんでいる。これら3本の川の共通点は、地質の変化に富んだ地域を流れ下ってくることだ。吉井川では、高梁川のように表面がタコの水盤のような模様がついた球顆流紋岩といった個性的な石ころは少ないが、色とりどりの花崗岩の石ころが採集できる。なお、この川でも、日本各地の川原と同様に川原の樹林化が進んでいる。礫の川原がせまくなりつつあり、石ころファンとしてさびしい。

↑吉井川（左）と金剛川（右）の合流点の下流500mの川原。遠方に金剛大橋が見える。この川原が石ころ採集地。

↑対岸には、流路に沿ってJR山陽本線。貨物列車が走りぬけて行く。

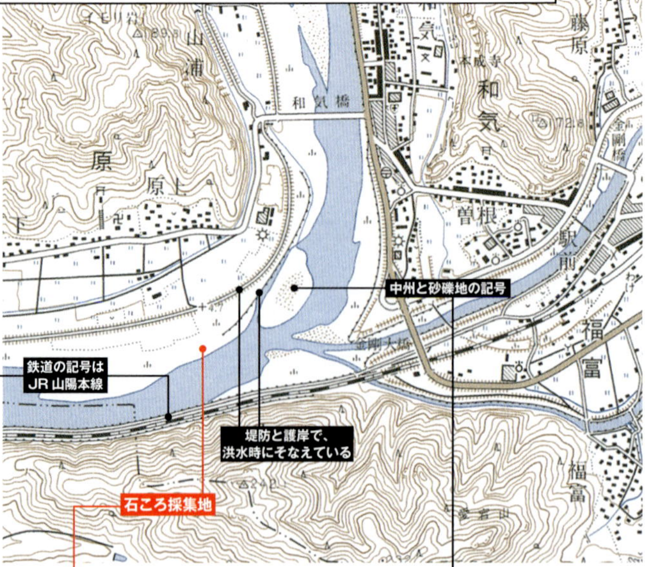

▼地形図で中州を見ると、中心部に「礫地」の記号が記されている。流路に接した部分は白いままだが、実際は草や樹木が茂り始めている。この中州には、よほどの渇水の時期でなければ渡れない。（国土地理院発行2万5000分の1地形図「和気」平成7年修正測量）

↓石ころの持ち帰りには、ポリの袋を使う。石ころは帰宅してから、亀の子たわしで洗う。

→吉井川と金剛川との合流点付近に大きな中州がある。きれいな自然のままの石ころがころがっている。中州をふちどる流れ際は樹林化が進んでいる。

中国地方でよく見られる、ピンク色のカリ長石がつまった花崗岩(火成岩)。

花崗岩(火成岩)。カリ長石と白っぽい石英の大きな結晶がよく目立つ石ころ。

花崗岩(火成岩)。どの結晶の粒も小さいが等粒状。

閃緑岩(火成岩)。手のひらにのせると重量感がある。白と黒の結晶がからみあっている。

デイサイト(火成岩)。褐色を帯びた灰色の石ころ。石英や斜長石の斑晶が入っている。

砂岩(堆積岩)。傷のところから割れそう。しかし、細かな砂粒がしっかりと固まっている。

頁岩(堆積岩)。真っ黒で硬い石ころ。

結晶片岩(変成岩)。石英の脈がくしゃくしゃに曲がっている。泥質の部分が少ないので石英片岩か。

結晶片岩(変成岩)。平たく白と褐色の層が積み重なっている。

吉井川データ 水源：岡山県鏡野町、中国山地の三国山　流路全長：133㎞
河口：岡山市で瀬戸内海の児島湾にそそぐ。

広島県 No.72

江田島市《えだじまし》東能美島《ひがしのうみしま》の海岸

見どころ きらびやかな花崗岩の結晶模様。

採集場所 江田島市東能美島大柿町、長瀬鼻付近の海岸。

参考地図 20万分の1地勢図「広島」、2万5000分の1地形図「大君」

広島県は、県内のほとんどの地域が花崗岩とその仲間の岩石で覆われている。そのなかでも、東能美島・西能美島・江田島で見られる花崗岩は実に多彩だ。東能美島の南の長瀬鼻付近の海岸には、同じ花崗岩の仲間でありながら、結晶の粒や模様が色とりどり。同じ模様の石ころはない。気に入った色と粒の模様の石ころを集めて、美しい花崗岩標本箱をつくろう。

◀東能美島・西能美島・江田島を合わせた島の形は、ザリガニにそっくりだという。20万分の1地勢図で見るとそれがよくわかる。これらの島のほとんどが花崗岩でできている。（国土地理院発行20万分の1地勢図「広島」平成16年修正）

↓海岸沿いの花崗岩の崖。タマネギの皮をむくように表面が風化してはがれて始めている。

↓長瀬鼻付近の海岸に上り下りする道。

↓長瀬鼻付近から、西側の海岸と花崗岩の山を見る。水晶がひろえる場所があるが、そこには採石場があり立ち入りできない。

→東能美島の長瀬鼻付近の海岸の向こうには倉橋島が横たわっている。干潮になると、海岸が広くなり、花崗岩の石ころが姿を現す。

東能美島の長瀬鼻の海岸で採集した花崗岩の仲間の石ころ。どれも割れたときそのままの形を残している。新鮮な面なので、石ころの結晶の観察にはもってこいだ。(左下の石ころの長径62㎜)

花崗岩(火成岩)。この海岸では、このように丸くなった花崗岩は少ない。

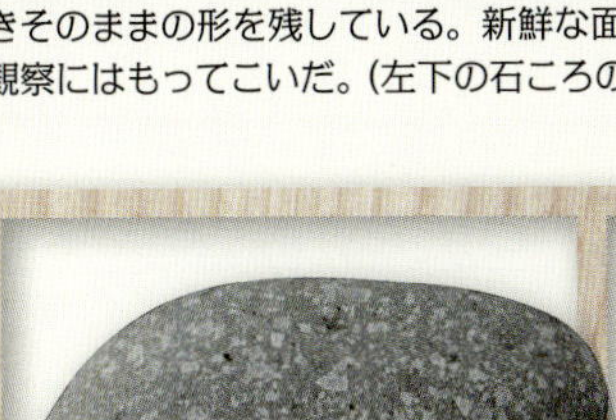

安山岩(火成岩)。この安山岩は西能美島の北の海岸でも見たことがある。

結晶片岩(変成岩)。石英の縞がしわくちゃの石ころ。この島の海岸でよく見かける。

東能美島データ　呉市から倉橋島をへて東能美島まで橋でつながっている。島の南東部を東能美島、北西部を西能美島と呼んでいる。

山口県 No.73

錦川《にしきがわ》岩国市《いわくにし》の川原

見どころ チャート、そのなかにコノドントの化石が見つかるかもしれない。

採集場所A 岩国市、錦帯橋上下流の川原。 **採集場所B** 岩国市、横山町の川原。

参考地図 20万分の1地勢図「広島」、2万5000分の1地形図「岩国」「大竹」

錦川は、水源の莇《あざみ》ヶ《が》岳《たけ》から河口まで直線距離にして約45㎞のところ、山口県の東部を西から東へ向けて、迂回しながら流れるので流路は倍以上の110㎞となる。それにより、花崗岩帯から変成岩帯、チャートや砂岩の堆積岩など、変化に富んだ地質を流れ下ってくる。なお、錦帯橋から約20㎞上流の支流の小郷川に沿った道路沿いの露頭のチャートには、約２億年前の１㎜足らずの謎の生物コノドントの化石が入っていることでも知られている。

←錦帯橋をはさんで、上流に錦城橋、下流に臥龍橋が見える。この３つの橋の上下流に石ころの川原が広がる。

←17世紀のはじめに築城された岩国城の石垣は石灰岩で積み上げられている。上流に石灰岩の露頭がある。

↓石ころ採石地Ｂの横山の川原。この川原では、石灰岩の石ころが見られた。

▼下流の大きく蛇行している地域。石ころ採石地ABとも、蛇行の内側の石ころが集積しやすい地点である。錦帯橋付近の地形図と岩国城からの景色との位置関係を見くらべよう。（国土地理院発行２万5000分の１地形図「岩国」平成13年修正測量＋「大竹」平成８年修正測量）

↓石ころ採石地Ａの錦帯橋下流の左岸の川原。たくさんの人が訪れるが、川原の石ころはきれいだ。

中国地方に多い赤っぽい花崗岩(火成岩)。縦横斜めに細い傷が入っている。A

石英閃緑岩(火成岩)。白っぽい鉱物は斜長石。石英はほんのわずかなようだ。A

しわくちゃの筋が何層にもわたる結晶片岩(変成岩)。泥質片岩といわれる。A

緑色岩(変成岩)。地下深くで高温高圧により変化した岩石といわれる。A

チャート(堆積岩)。角ばったところと丸みを帯びたところがある。A

火山灰が固まった凝灰岩(堆積岩)。安山岩の礫もまじっている。A

結晶片岩(変成岩)。割るとうすくはがれやすい。白い部分は石英。B

角ばったホルンフェルス(変成岩)。穴は鉱物がはがれ落ちたあと。B

結晶片岩(変成岩)。白い部分は石英。泥質片岩といわれる。B

白い粉をふいたような石灰岩(堆積岩)。B

チャート(堆積岩)。もっと大きなチャートをひろい、コノドントをルーペで探そう。B

砂岩(堆積岩)。時間をかけて堆積したことを示す黒っぽい細かな筋がついている。B

錦川データ 水源：山口県と島根県の県境の莇ヶ岳　流路全長：110km
河口：岩国市をへて瀬戸内海にそそぐ。河口付近で三角州をつくる。

島根県 No.74

高津川《たかつがわ》津和野町《つわのちょう》の川原

見どころ 大きなカリ長石の結晶の入った花崗斑岩。

採集場所 津和野町青原、下小瀬橋下の右岸の川原。

参考地図 20万分の1地勢図「山口」、2万5000分の1地形図「日原《にちはら》」

流域の地質図を見ると、高津川は1億年以上も前の地質を流れ下ってくるので、川原には硬い石ころが多い。津和野町青原の川原では花崗斑岩や花崗岩など、さまざまな火成岩が見られる。チャートや砂岩などの堆積岩もならんでいる。緑色岩や結晶片岩などの変成岩もあった。このなかで特に目立ったのが、カリ長石の大きな結晶をもった花崗斑岩である。とびきり美しいものを選んで、石ころコレクションに加えたい。

◀上が道路になっている高いコンクリートの護岸があって、川原に下りられる場所が少ない。津和野市青原の下小瀬橋のわきからは、車が下りられる道がついている。（国土地理院発行２万 5000 分の１地形図「日原」平成 12 年部分修正測量）

右岸に沿って JR 山口線が走っている。

←下小瀬橋から上流の川原。橋のたもと、左手に車が置けるスペースがある。護岸は傾斜がゆるいので、そこから川原に下りられる。

←下小瀬橋。その向こうの国道９号沿いは、高いコンクリートの護岸になっていて川原には下りられない。

↓川原の石ころは、どれもほこりをかぶった状態。採集した石ころは、川の水できれいに洗わないと、正体がわかりにくい。

大きなピンク色のカリ長石の結晶が入った花崗斑岩（火成岩）。半透明の石英の斑晶もまじる。斜長石や黒雲母などの小さな結晶も見える。

これも花崗斑岩（火成岩）。カリ長石の斑晶が多い。

カリ長石の大きな斑晶がたくさん入った花崗斑岩（火成岩）。

立方体で角がとれていないチャート（堆積岩）。硬い石ころ。

鉄分が酸化して赤茶色になった緑色岩（変成岩）。小さいのにずっしりと重い。

川原で花崗斑岩の石ころを集めた。

高津川データ 水源：島根県吉賀《よしか》町田野原　流路全長：81㎞　河口：益田市をへて日本海にそそぐ。

山口県 No.75

萩《はぎ》市《し》笠山下《かさやました》の海岸

見どころ 丸くみがかれた玄武岩。

採集場所 萩市笠山下、九島の前の海岸。

参考地図 20万分の1地勢図「山口」、2万5000分の1地形図「越ヶ浜」

笠山は、全山玄武岩の山である。そして山の上には、火山の噴出物のスコリアが積もっている。頂上の「おう地」の壁面には、ところどころにこの赤茶けたスコリアが露出している。笠山下の海岸にならぶ玄武岩は、ほとんどが黒っぽい灰色。ところが、ならべてみると、ひとつひとつが色も形も違う。白っぽい流紋岩や花崗岩の小石もこの海岸でひろった。これは、笠島の南西にある指月山《しづきやま》下の海岸にある石ころと同じだ。

←笠山まで来たら、笠山から北へ 30kmのところにある須佐の海岸のホルンフェルスの断崖を見よう。灰白色と黒色の縞模様の崖が見もの。

▼石ころ採集地は、九島の前、防波堤の記号で記されたコンクリートの堤防のわき。地形図では、岩の記号で記されているが、石ころがならぶ小さな浜がある。笠山の頂上には、火口跡とされるくぼみが、おう地の記号で記されている。(国土地理院発行2万5000分の1地形図「越ヶ浜」平成22年更新)

↓笠山下の石ころ採集地へは、九島を目印に海岸に出る。コンクリートの突堤がある海岸の左手に向かう。

↓笠山下の海岸の石ころ。ほとんどが玄武岩。

→突堤のあるとなりの海岸に小さな石ころの浜がある。ここが石ころ採集地。正面の三角形の山は萩市の指月山。

海岸で採集した玄武岩（火成岩）。どれも小さな穴があいているが、これは冷え固まるときにガスがぬけたあと。

赤茶けた溶岩。手に持った感じが、黒い玄武岩よりも軽い。

黒っぽい部分と赤茶けた部分がある玄武岩（火成岩）の石ころ。

玄武岩だけでなく、白っぽい流紋岩（火成岩）もひろえた。

花崗岩（火成岩）もあった。これは、対岸の指月山付近から流れ着いたものだろうか。

笠山の対岸、萩市の指月山下の海岸の花崗岩（火成岩）の石ころ。笠山下の海岸と対照的に、花崗岩の仲間が圧倒的に多い。

笠山データ 萩市の北東４㎞、日本海に突き出た陸繋島の標高112mの火山。

香川県 No.76

小豆島《しょうどしま》ナガ崎《さき》・岩谷《いわがたに》・神浦《こうのうら》の海岸

見どころ	花崗岩と粘板岩。
採集場所A	島の北西、ナガ崎の粘板岩の採石場跡の下の海岸。
採集場所B	島の東、岩谷の大阪城石垣石切丁場跡の下の海岸。
採集場所C	島の南、神浦外浜の海岸。
参考地図	20万分の1地勢図「徳島」、2万5000分の1地形図「寒霞渓」

小豆島の産業といえば石材業。特に小豆島石と呼ばれる花崗岩は、強度が高く耐久性に優れていることで知られている。現在は、外国からの輸入におされ、採掘を停止している採石場が多い。小豆島は、花崗岩だけではない。粘板岩や安山岩、玄武岩などの露頭が見られる。したがって、海岸にもさまざまな石ころがならんでいる。

▲大阪城石垣石切丁場跡のある石ころ採集地B付近は、花崗岩の石切り場が多い。海岸沿いの岩の崖はすべて花崗岩だ。（国土地理院発行2万5000分の1地形図「寒霞渓」平成18年更新）

↓石ころ採集地Aのナガ崎の粘板岩の採石場跡の下の海岸。黒っぽい堆積岩の石ころが多い。

↓石ころ採集地Bの岩谷の大阪城石垣石切丁場跡の下の海岸。花崗岩の巨石がごろごろころがっている。巨石の間に小石がはさまっている。

↓大阪城石垣石切丁場跡には、当時の石工たちのノミのあとを残す花崗岩の巨石がころがっている。

↓石ころ採集地Cの神浦外浜の海岸。流紋岩の石ころが多い。正面の崖は玄武岩でできている。

流紋岩（火成岩）。石基の部分の流れ模様がはっきしている。（右の石ころの長径 13cm） C

安山岩（火成岩）。ざらざらした手触りの平たい石ころ。B

花崗岩（火成岩）。ほとんどが結晶の粒の粗い白っぽい石ころ。B

三角形だが角が丸くみがかれた粘板岩（堆積岩）。A

割れたときのままの形の粘板岩（堆積岩）。A

花崗岩（火成岩）。どの鉱物も結晶の粒が大きい。B

花崗岩（火成岩）。どの鉱物の結晶も細かい。赤っぽいのはカリ長石。C

安山岩（火成岩）が凝灰岩を取り込んだのだろうか。C

花崗岩（火成岩）。半透明の石英の結晶が多い。C

小豆島データ 瀬戸内海の播磨灘にある、面積153km²の島。香川県に属する。
瀬戸内海では、淡路島に次ぐ面積。

香川県 No.77 東かがわ市白鳥《しろとり》の海岸

見どころ	ランプロファイアの露頭とさまざまな火成岩。
採集場所A	東かがわ市白鳥、鹿浦越《かぶらごし》の西海岸。
採集場所B	東かがわ市白鳥、鹿浦越の東海岸の明神浜。
参考地図	20万分の1地勢図「徳島」、2万5000分の1地形図「引田《ひけた》」

白鳥の小さな岬の先端付近に、白い岩と黒い岩の交互の縞模様の露頭がある。徒歩道の入口の解説板には、花崗岩体のすき間にランプロファイアという岩脈が入り込んだものとある。ランプロファイアは黒緑色の岩石で、石基中に角閃石や斜長石の斑晶をもつという。この露頭はたいへんにめずらしいもので、国の天然記念物となっている。

なお、岬の東側の海岸の崖は流紋岩でできている。波でみがかれた、きれいな石ころがひろえる。

↑干潮時に岬の先端まで海岸沿いの岩礁を伝わって行ける。花崗岩（白く見える岩）とランプロファイア（黒い岩）の交互の縞模様の露頭が見える。舟を使って海から眺めたら、その平行な模様がもっとわかりやすく見えるだろう。

→鹿浦越の東海岸の明神浜。海に面した崖は、白っぽい流紋岩でできている。

↑花崗岩とランプロファイアの岩脈が接するところ。露頭の下の海岸で、白と黒の岩が合わさった石ころを探したが見つからなかった。

▼地形図には「鹿浦越のランプロファイア岩脈」と記されている。ここへは、漁港のはずれから徒歩道に沿って小さな岬の先端付近まで行く。（国土地理院発行２万5000 分の１地形図「引田」平成 18 年更新）

ランプロファイア岩脈の下の海岸にころがっていたランプロファイア（火成岩）。ごく細かな石基のなかの黒っぽい角閃石の斑晶が特徴だという。この標本ではそれほど大きな斑晶ではない。ルーペで石ころの表面をのぞくと、ころころとした輝石の結晶も見えた。A

ランプロファイア（火成岩）。黒い角閃石と白い斜長石の斑晶が見える。A

丸くみがかれた流紋岩（火成岩）。A

丸みを帯びているが少し手触りがざらつくデイサイト（火成岩）。A

花崗岩（火成岩）。表面は凹凸があるがすべすべしている。A

チャート（堆積岩）。細かな傷だらけ。ただしカッターの刃では傷がつかない。A

デイサイト（火成岩）。波に洗われて表面がなめらか。B

安山岩（火成岩）。卵形で表面がよくみがかれている。B

流紋岩（火成岩）。海岸の流紋岩の崖下の転石。B

白鳥の海岸データ 小松原海岸の東端。JR高徳線讃岐白鳥駅から北へ、徒歩20分ほど。

徳島県
No.78

吉《よし》野《の》川東《がわひがし》みよし町《ちょう》の川原

見どころ 紅れん石片岩という名の結晶片岩。

採集場所 東みよし町加茂、JR徳島線阿波加茂駅北側1.2㎞の右岸の川原。

参考地図 20万分の1地勢図「岡山及丸亀」、2万5000分の1地形図「辻」

吉野川は、池田町付近から中央構造線と平行して東に流れ下る。中央構造線とは、西日本を大陸側と大洋側に分ける大断層のこと。北側の左岸には、頁岩、砂岩などの堆積岩の地層、南側の右岸には三波川帯と呼ばれる結晶片岩、緑色岩などの変成岩の地層。したがって、川原の石ころも、堆積岩と変成岩で占められる。息をのむような美しい石ころが多い。

←対岸の道の駅からJR阿波加茂駅方向を見渡す。竹林が広がっている。手前に、西日本を大陸側と大洋側に分ける大断層の中央構造線が露出している場所の案内板がある。

↑東みよし町加茂の吉野川右岸の川原。広々としたすばらしい石ころの川原だ。

↑川原には、色彩豊かな結晶片岩の石ころがころがっている。左下の淡い緑の石ころは長径22㎝ほど。重たいので持ち帰れなかった。

◀JR阿波加茂駅から北へ、川原までほぼ一直線の道路がある。川原にも軽車道の記号が記されている。釣り人の車が入るのだろう。水田（ıı）、畑（∨）、桑畑（Y）、そして右手に竹林（个）を見ながら川原に出る。駅からは、ゆるやかな下り坂になっていることが等高線でわかる。（国土地理院発行２万5000分の１地形図「辻」平成17年更新）

ピンク色の結晶片岩（変成岩）。紅れん石片岩と呼ばれる、吉野川で最も美しい石ころだ。

結晶片岩（変成岩）。石英の間に、白雲母の結晶が光に反射している。

結晶片岩（変成岩）。細かな粒が光に反射している。やや緑っぽい灰色の石ころ。

緑色岩（変成岩）。淡い緑の筋は鉱物の緑泥石か。小さな割に重たい。

結晶片岩（変成岩）。褐色の層と白い層が幾層にも重なっている。

緑色岩（変成岩）。緑っぽい石に石英がべったりとからみついているように見える。

緑色岩（変成岩）。緑色の地に、石英の細かな粒が全体に入っている。

細かな粒のそろった砂岩（堆積岩）。石英の粒が多い。

石灰岩（堆積岩）。灰色の地にうっすらと白い線がうかびあがっている。

吉野川データ 水源：高知県の瓶ヶ森　流路全長：194㎞　河口：徳島市で紀伊水道にそそぐ。

愛媛県 No.79

加茂川《かもがわ》西条市《さいじょうし》の川原

見どころ 結晶片岩のなかからお気に入りを探す。

採集場所 西条市中野、伊曽乃橋《いそのばし》上流100mの左岸の川原。

参考地図 20万分の1地勢図「高知」、2万5000分の1地形図「西条」

JR予讃線の鉄橋から上流へ1㎞ほど、伊曽乃橋がある。地形図を見ると、流路はかれ川の記号で記されている。ところが10月の初旬ではたっぷりと水が流れている。実は、水の少ない時期は100m上流付近から伏流水となって川原の礫の上に水の流れがなくなる。上流の結晶片岩の地層を流れてきた川の水は、下流の砂礫層で地下にもぐってしまうからだ。それが、毎秒4ｔの流量があると、川原に水が流れるようになるという*。川原の石ころは、ほとんどが結晶片岩で覆われている。

*注：西条市のホームページの「水の歴史館」（三木秋男「わが故郷の打抜師たち」）より。

←伊曽乃橋から下流。水道橋の向こうに加茂川橋が見える。流量の少ない時期には河口付近までかれ川となる。

←人と軽車両の専用橋の伊曽乃橋。地形図では、橋下はかれ川の記号が記されているが、流量の多い時期なのだろう、たっぷりと水が流れている。

↓伊曽乃橋から上流。渇水の時期は、橋の上流100m付近から流水は地下にもぐってしまう。

▼約2㎞にわたって、かれ川となっている。ただし、いったん大雨となると、洪水のおそれがあるのだろう。その証拠に、堤防のほかにも擁壁の記号で記されたコンクリートの護岸まである。（国土地理院発行2万 5000 分の 1 地形図「西条」平成 18 年更新）

平べったく緑色っぽい結晶片岩（変成岩）。石英のうすい層と緑色の層と雲母の層が互い違いに重なっている。

結晶片岩（変成岩）。ピンク色の地に雲母の結晶が光に反射。紅れん石片岩だ。

結晶片岩（変成岩）。石英の脈がしわくちゃになっている。石英片岩か。

結晶片岩（変成岩）。わずかにピンク色の部分がある。石英の小さな粒がある。

結晶片岩（変成岩）。灰色がかった小さな粒が光に反射している。

結晶片岩（変成岩）。緑がかっているのは白雲母にクロムを含んでいるのだろうか。

結晶片岩（変成岩）。石英のうすい層とかすかに緑や赤紫を含んだ灰色の層が重なっている。

結晶片岩（変成岩）。黒っぽい粒が入った褐色の石ころ。雲母がべったりと覆っている感じ。

結晶片岩（変成岩）。石英でくるまれた石英片岩か。

結晶片岩（変成岩）。白と緑のうすい層が交互に重なっている。黄緑の部分は緑泥石だろう。

加茂川データ 水源：石鎚山　流路全長：28.6㎞　河口：西条市で瀬戸内海（燧灘《ひうちなだ》）にそそぐ。

愛媛県 No.80

肱川《ひじかわ》大洲《おおず》市《し》の川原

見どころ	さまざまな堆積岩と変成岩。
採集場所A	大洲市中村、JR予讃線伊予大洲《いよおおず》駅から徒歩5分の川原。
採集場所B	大洲市肱川町宇和川、鹿野川橋上流約800m、道の駅「華の森」下の川原。
参考地図	20万分の1地勢図「松山」、2万5000分の1地形図「大洲」

大洲市中村のA地点では、砂岩やチャートなどの堆積岩のほか緑色岩や結晶片岩が目についた。一方、肱川町宇和川のB地点では、チャートや石灰岩が多く見られた。どちらの地点でも、火成岩はほとんどなかった。

なお、大洲市のA地点は、山中の盆地にある。秋から冬にかけて霧が発生しやすい山にはさまれた肱川の流れに沿って強風をともなった霧が、伊予灘に吹き出す「肱川あらし」が有名。

↓堤防を下り、ヨシをかきわけ10mほど進むと、A地点の川原にたどりつく。

→A地点の岸寄りはくるぶしほどの浅い流れで、底の石ころがよく見える。変成岩やチャートが目につく。

↓伊予大洲駅を出発する特急「宇和海」。右手が肱川の堤防。

↓B地点はダムの下流だが水量は多い。流れの岸寄りは小粒な石ころが多く、岸から離れるにしたがって石ころが大きくなる。

↓道の駅「華の森」下のB地点の川原に下りる小径。

A 地点、伊予大洲駅そばの川原の石ころを川砂の上にならべた。砂岩やチャートなどの堆積岩のほか、結晶片岩や緑色岩などの変成岩が見られる。A

石英の半透明の層が幾層にも重なっている結晶片岩(変成岩)。A

筋が何層にも、しわくちゃになって重なっている。結晶片岩(変成岩)。B

濃い緑色の斑点がある緑色岩(変成岩)。A

濃淡の緑色の模様をつくっている緑色岩(変成岩)。A

小麦粉をまぶしたような石ころ。灰色の礫が固まっている。石灰岩(堆積岩)。A

白砂糖をのせたような灰色の石灰岩(堆積岩)。下流の伊予大洲駅そばの川原ではこの石灰岩は見あたらなかった。B

表面がすべすべした石ころ。割れたときの姿を残している。チャート(堆積岩)。B

黒色と茶色のまだら模様が見られる。細かな傷が無数についている。チャート(堆積岩)。A

肱川データ 水源：愛媛県西伊予市の鳥《と》坂《さか》峠《とうげ》　流路全長：103km　河口：大洲市長浜町で伊予灘にそそぐ。

愛媛県
No.81

関川《せきがわ》四《し》国中央《こくちゅうおう》市《し》の川原

見どころ きわめつきは、石榴石を含む結晶片岩。

採集場所 四国中央市土居町、関川大橋下流200mの右岸の川原。

参考地図 20万分の1地勢図「高知」、2万5000分の1地形図「東予土居」

関川は源流域から河口まで、標高差約1400mをわずか12.7㎞で流れ下る。急流のため、普段はおだやかな流れの川も、大雨の時期には洪水が絶えない川となる。砂礫も大量に流れ下るので、小さな川のわりには川原の石ころが多い。もっとも、このような川は山がちの日本列島では数えきれないほどある。関川のすごいところは、源流域の変成岩の地層で見られる石榴石を含む結晶片岩や、最も高圧で変成しつくられたといわれるエクロジャイトが、川原で採集できることだ！

▼関川大橋付近では、南からふたつの支流が合流する。流路は右岸寄りにあるが、2010年4月の石ころ採集ウォーキングでは左岸寄りになっていた。地形図の測量年は4年前。川の流路は、その後、自然に変わったか、河川改修などで変わったのだろう。（国土地理院発行2万5000分の1地形図「東予土居」平成18年更新）

→4月は、川のまわりが緑であふれ始める季節だ。このようなのどかで美しい川原で石ころ採集できるのはなんという幸せか！

↑川原で、石榴石を含む結晶片岩の風化した石ころを見つけた。ぼろぼろになっているので、石榴石を簡単に取り出せる。

↓風化した結晶片岩から取り出した石榴石。

結晶片岩（変成岩）。赤茶色の石榴石がちりばめられていて、石榴石角閃石片岩といわれる。

結晶片岩（変成岩）。これも石榴石角閃石片岩。

結晶片岩（変成岩）。黒っぽい角閃石と白っぽい石英に、小さな雲母がちりばめられ光に反射している。やはり石榴石角閃石片岩。

結晶片岩（変成岩）。豆入りの和菓子のような石榴石角閃石片岩。

結晶片岩（変成岩）。ピンク色が美しい紅れん石片岩だ。

結晶片岩（変成岩）。淡い褐色の部分を白雲母の結晶が覆っている。

真っ黒な結晶がつまっている角閃石（変成岩）。

エクロジャイト（変成岩）。赤色の石榴石と緑色の輝石がまじっている。

結晶片岩（変成岩）。黒い部分は角閃石。はさまっている白いうすい膜と結晶の粒は曹長石。

緑っぽい地に、角閃石の大きな結晶がつまっている。変成岩だろう。

関川データ 水源：愛媛県東部の東赤石山　流路全長：12.7㎞　河口：土居町で瀬戸内海（燧灘）にそそぐ。

愛媛県 No.82

佐《さ》多《だ》岬半島《みさきはんとう》伊《い》方町《かたちょう》名《な》取《とり》の海岸

見どころ 緑色のさまざまな結晶片岩。

採集場所 伊方町名取、名取漁港前の海岸。

参考地図 20万分の1地勢図「松山」、5万分の1地形図「伊予三崎」

四国の西側に、長さ約40㎞の細長い佐多岬半島がのびている。その先端近く、石ころ採集地の名取の漁港やその周辺の様子を見てみよう。佐多岬半島はほとんどが三波川変成帯にあり、結晶片岩の宝庫だ。

←C地点。佐多岬半島先端の三崎港。ここから大分県の佐賀関までフェリーが出ている。

→A地点から名取の漁港の堤防を見下ろす。山の中腹には(果樹園)の記号が見える。柑橘類の畑となっている。

▲5万分の1地形図の等高線の間隔は20m。A地点から海岸まで、等高線を数えると8本。およそ160mの高低差がある。(国土地理院発行5万分の1地形図「伊予三崎」平成10年修正)

↓E地点。池尻地区の畑。畑を仕切っているのは平べったい結晶片岩の石ころ。

↓D地点。井野浦の海岸の砂浜。石ころも砂も緑っぽい。

↓B地点。名取の漁港の堤防の左が石ころ採集地。

結晶片岩（変成岩）。石英の膜が緑の層と何層にも重なっている。白雲母がちりばめられている。

結晶片岩（変成岩）。平べったい石ころ。

結晶片岩（変成岩）。まっ白い石英がべったりとついている感じの石ころ。

結晶片岩（変成岩）。うすい板のような石ころ。黒っぽい粒がまじっている。

緑色岩（変成岩）。ハマグリのような形。灰色っぽい緑色の石ころだ。

角がない丸みのある緑色の緑色岩（変成岩）。

やや角ばった緑色岩（変成岩）。黄緑の部分は緑泥石。

緑灰色の地に真っ白な粉をまぶしたような石灰岩（堆積岩）。

石灰岩（堆積岩）。石灰岩にまで緑っぽい色がついている。

佐多岬半島データ　東西全長約40㎞の日本一細長い半島。
日本最大の断層、中央構造線の南に沿っている。平地はほとんどない。

高知県 No.83 土佐《とさ》清水《しみず》市《し》竜串《たつくし》の海岸

見どころ 粒のそろった砂岩と海岸の奇岩。

採集場所 土佐清水市竜串の海岸。

参考地図 20万分の1地勢図「宇和島」、5万分の1地形図「土佐清水」、2万5000分の1地形図「下川口」

竜串の海岸一帯は、約2000万年前の砂岩や泥岩の地層が分布している地域。これだけならなんの変哲もない海岸だが、一歩足を踏み入れると海岸の崖や岩の奇想天外な形や風化した模様に目をうばわれる。この海岸だけが奇岩だらけなのはなぜだろう。一方、竜串から東へ約23㎞にある足摺岬は、飛びぬけて美しい花崗岩の海岸である。ここの石ころも参考までに紹介しよう。

竜串の海岸の石ころ。ほとんどが砂岩。

←竜串の海岸の岩山。何に見える？ 犬のゴールデンレトリーバーがふせをしている姿そっくり。真ん中の松の木の下に目がある。手前に左前足。

▼ここに取り出したのは20万分の1地勢図を16等分したひとつ。5万分の1地形図の範囲にあたる。さらにこれを縦横に4等分すると2万5000分の1地形図の範囲となる。つまり地図では、長さが2倍になると面積が4倍の大きさになることを覚えておこう。（国土地理院発行20万分の1地勢図「宇和島」平成17年修正）

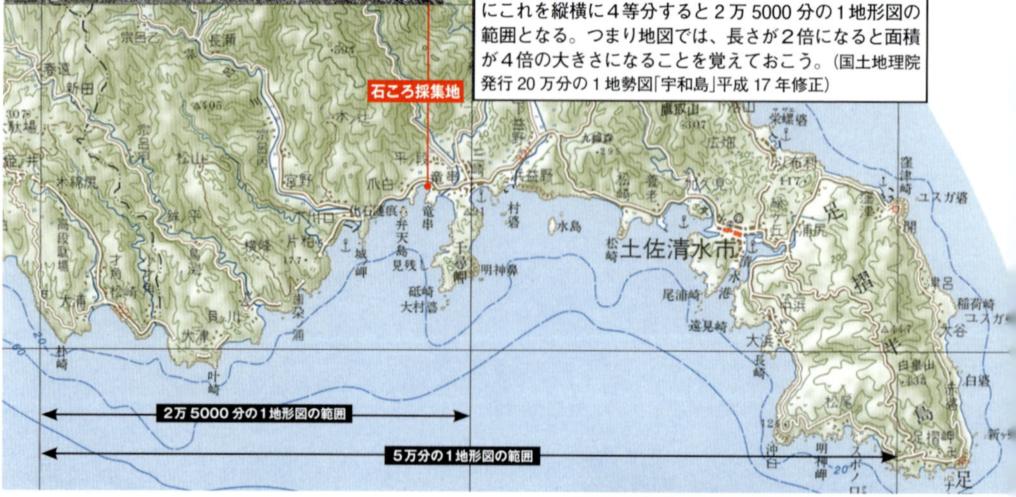

←竜串の「大竹小竹」と呼ばれる節のある竹のような岩が海に突き出している。

→蜂の巣状の無数に穴があいた岩。どのようにしてこのような穴の模様ができたかは、よくわかっていない。

砂岩（堆積岩）。少し風化していて、砂粒がぱらぱらとはがれる。

うすべったい平らな砂岩（堆積岩）。

石英の筋が入った砂岩（堆積岩）。

砂岩（堆積岩）。小さな断層を残している。

砂岩（堆積岩）。石英の脈のところから割れそうだ。

頁岩（堆積岩）。傷がついたまま丸くみがかれている。

足摺岬のラパキビ花崗岩（火成岩）。カリ長石が白い斜長石に取り込まれたもので、日本では足摺岬だけで見られる。

足摺岬の花崗岩の仲間。どれもじつに美しい！

竜串の海岸データ 千尋岬の根元にある風や波で浸食された奇岩が集まる海岸。

高知県 No.84 仁淀川《によどがわ》いの町《ちょう》の川原

見どころ 「虎石」という名の縞状流紋岩。

採集場所 いの町鹿敷《かしき》、道の駅「土佐和紙工芸村」下の左岸の川原。

参考地図 20万分の1地勢図「高知」、2万5000分の1地形図「越知」

四国は、大きな地質帯が東西に帯のようにならんでいる。そのなかでおもに、三波川変成帯と砂岩・チャート・緑色岩などの秩父帯を流れ下ってくる。これに水源地域に流紋岩の岩脈が加わる。実はこの流紋岩が、仁淀川の石ころひろいの主役だ。流紋岩といえばシリカ(SiO_2)を70％含む白っぽい岩石を思い浮かべるが、ここの石ころは黒っぽい縞のトラのような模様をしている。仁淀川流域では「虎石」と呼んでいる。土地の人に伺うと、昔はこの虎石で石臼をつくったという。

▼仁淀川は、おとなり四万十川と同じように、蛇行する川だ。カーブの外側は常に浸食が行われ、内側に石ころの川原ができる。地形図で、この蛇行の内側の川原を探して石ころ採集に出かけよう。（国土地理院発行２万 5000 分の１地形図「越知」平成 13 年修正測量）

↓道の駅「土佐和紙工芸村」の前に川原がある。

↓道の駅の前の下り口から川原へ。

↓石ころ採集地の川原。蛇行の内側＝砂礫地Bの川原が左手前方に見える。

→川原に蛇紋岩の大きな石がうもれている。

流紋岩質の青みがかった灰色と赤紫色がまじった凝灰岩(堆積岩)。

凝灰角礫岩(堆積岩)。安山岩の礫がいっぱいつまっている。

石英の細い脈が入っているチャート(堆積岩)。

透き通るような地に粉をふりかけたような石灰岩(堆積岩)。

長径 72㎜の丸い縞状の流紋岩(火成岩)。虎石だ。

縦横ふたつの深い傷がついた砂岩(堆積岩)。砂粒のほとんどが石英。

全体に緑っぽい灰色の緑色岩(変成岩)。表面は手がざらつく。

結晶片岩(変成岩)。石英が重なった平たい石ころ。石英片岩だ。

結晶片岩(変成岩)。赤紫と白い層が何層にも重なっている。

長径 82㎜のトラ模様だけでなく表面に小さな粒が目立つ流紋岩(火成岩)。これも虎石。

仁淀川データ
水源：愛媛県久万高原町の石鎚山　流路全長：124㎞
河口：高知市と土佐市の境で太平洋にそそぐ。

福岡県
No. 85

筑後川久留米市《ちくごがわくるめし》の川原

見どころ 約170万年前の火山岩から３億年前の変成岩まで。

採集場所 久留米市田主丸、筑後川橋の上流1.5㎞の左岸の川原。

参考地図 20万分の1地勢図「福岡」、2万5000分の1地形図「田主丸」

筑後川は、筑紫平野に入ると極端に石ころがならぶ川原が少なくなる。久留米市から下流では、ほとんど石ころの川原は見られない。久留米市田主丸付近では筑後川橋の上下流で大きな川原があり、石ころ採集が楽しめる。筑後川の上流は、約170万年前の火山活動による溶岩や火山岩の地層が分布。中流は堆積岩、さらに下って３億年前の変成岩や1億年以上も前の花崗岩などの地層がある。当然、筑後川の下流の川原では、これらの石ころを採集することができる。

←大刀洗町三川の右岸から対岸に、地形図に記されているとおりの石ころの川原を確認(A地点)。

→A地点の対岸の礫地(D地点)。ここで石ころを採集。

▲珍しい水路の立体交差を地形図で発見。そこから筑後川の右岸に出る。対岸に、地形図にあるとおりの石ころの川原を確認。下流の筑後川橋を渡って石ころ採集地まで行く。(国土地理院発行2万5000分の1地形図「田主丸」平成13年修正測量)

↓B地点から1.5㎞ほどで、川原に下りる道がある(C地点)。

↓筑後川橋の左岸(B地点)から、堤防上の道路をさかのぼる。

安山岩（火成岩）。赤紫の石基と斜長石の斑晶。長柱状の角閃石も。

安山岩（火成岩）。こちらは平べったい形。

安山岩（火成岩）。紫がかった灰色。白い斑晶は斜長石のほか石英も。

花崗岩（火成岩）。ラグビーボールのような形。どの鉱物も結晶が大きい。

アプライト（火成岩）。白い鉱物は斜長石、半透明の鉱物は石英。黒っぽい鉱物はない。

デイサイト（火成岩）。白っぽい灰色の石基に斜長石や角閃石の斑晶を含む。

溶結凝灰岩（火成岩）。ところどころに熱でとけて固まった黒いガラス質の部分が見える。

結晶片岩（変成岩）。白と褐色の層が何層も重なっている。

結晶片岩（変成岩）。硬い石英の部分が残っている。光に白く反射しているのは白雲母か。

石英斑岩（火成岩）。斜長石の大きな斑晶がたくさん入っているので花崗斑岩だろうか。

千枚岩（変成岩）。褐色のうすい層が重なっている。平べったく割れる。

筑後川データ 水源：熊本県瀬の本高原　流路全長：143km　河口：筑紫平野をへて有明海にそそぐ。

佐賀県 No.86

東松浦半島《ひがしまつうらはんとう》波戸岬《はどみさき》・相賀崎《おうかざき》・幸多里浜《こうたりのはま》の海岸

見どころ 玄武岩と花崗岩のダイナミックな大地の営み。

採集場所A 呼子町、波戸岬の海岸。　**採集場所B** 唐津市、相賀崎の海岸。

採集場所C 唐津市、幸多里浜。

参考地図 20万分の1地勢図「唐津」、2万5000分の1地形図「波戸岬」「呼子」「唐津」

西側と島の中央のほとんどは玄武岩の地質、東側は花崗岩の地質が広がっている。実は、この半島の花崗岩は約9000万年前にできたもので、その後花崗岩の上を覆うように玄武岩などの火山岩が広がったものであるという*。東海岸の花崗岩は、玄武岩に覆われなかったところだ。自然のダイナミックな営みが見られる、東松浦半島の東西海岸を訪ねてみよう。

*注:「地質ニュース」521号、1998年、＜20万分の1地質図「唐津」＞松井和典・宇都浩三

←半島の先端部、波戸岬。海岸の石ころはすべて黒っぽい玄武岩。

→相賀崎の海岸の岩。黒っぽい岩は花崗岩よりも古い結晶片岩。白っぽい部分はすき間に割り込んだ花崗岩の岩脈だ。

▲20万分の1地勢図で東松浦半島を調べると、海と陸が入り組んだリアス式海岸が連なる半島の地形がよくわかる。標高の最高地点は269m、ほぼ標高200mほどの台地となっていることもわかる。(20万分の1地勢図「唐津」平成22年要部修正)

↓半島の東海岸、相賀崎の海岸。黒っぽい玄武岩の石ころが多いが、海岸の崖は花崗岩がむき出しになっている。

↓相賀崎の南の幸多里浜。白砂の海岸で、崖の下に玄武岩の大岩がころがっている。夏は海水浴場としてにぎわう。

玄武岩(火成岩)。ガスのぬけた孔が残る。A

玄武岩(火成岩)。傷だらけ、しわくちゃの石ころ。手のひらにのせると重い。A

オブジェのような砂岩(堆積岩)。丸くえぐれた穴は穿孔貝の巣あとだろうか。A

花崗岩(火成岩)。ニワトリの卵と同じくらいの大きさ。手でこするとざらつく。B

花崗岩(火成岩)。変成岩の角閃岩の礫を取り込んでいる。B

玄武岩(火成岩)。花崗岩の石ころよりも多くころがっていた。B

石英閃緑岩(火成岩)。白っぽいところと黒っぽいところがある。B

角閃石片岩(変成岩)。変成作用をうけて一定方向に結晶が並んでいる。B

花崗岩(火成岩)。C 表面がなめらかにみがかれている。

花崗岩(火成岩)。どの鉱物も大きい。ピンク色の鉱物はカリ長石。C

ホルンフェルス(変成岩)。角ばった石ころ。ごく細かな穴は鉱物がぬけ落ちたあと。C

東松浦半島データ▶佐賀県の北西部にある半島。西側海岸線はリアス式海岸が連なる。

大分県
No.87

大分《おおいた》川《がわ》大分《おおいた》市《し》の川原

見どころ 荒々しい溶結凝灰岩。

採集場所 由布市挟間町鬼崎、同尻橋の上流300mの右岸の川原。

参考地図 20万分の1地勢図「大分」、2万5000分の1地形図「大分」

大分川でのお楽しみは溶結凝灰岩。阿蘇山や耶馬渓からやってきた火砕流堆積物だ。積み重なった火砕流が、その重みと熱でふたたび溶けてから冷え固まったもの。黒っぽいガラス質が石ころに入っているのですぐにわかる。大地のすさまじい営みを手に取って実感できる、またとない石ころだ。この石ころは、おとなり大野川の川原でも見られる。

↑同尻橋上流300m、左岸の川原に下りる道がある。

▼地図中のふたつの橋の高さが違う。同尻橋は等高線の補助曲線の標高 55m あたり。上流の狭間大橋は等高線の計曲線が示す 60m より高いところにある。つまり､同尻橋よりも狭間大橋は 5m 以上も高い。地形図でこんなこともわかる。(国土地理院発行２万 5000 分の 1 地形図｢大分｣平成 10 年修正測量)

↓川原には川砂が多い。川砂にうもれるように石ころが入っている。

↓川原には、溶結凝灰岩(長径約 160mm)の大きな石ころが砂にうまっていた。

溶結凝灰岩（火成岩）（長径 112㎜）。黒っぽいガラス質が火山灰のなかにまじった石ころ。小さな石ころだが、火砕流の激しさが伝わってくる。

溶結凝灰岩（火成岩）。細かなガラス質の粒や岩片でできた石ころ。

流紋岩（火成岩）。やや紫がかった灰色。流れ模様もついている。

花崗斑岩（火成岩）。灰色の粒の細かい石基に大きな斜長石の斑晶がまじる。

白っぽい斜長石の結晶に黒点の黒雲母。花崗岩（火成岩）の仲間であることは確か。

ボールのような形。赤紫っぽい灰色の石基に、小さな白と黒の斑晶がまじる安山岩（火成岩）。

やや緑がかった半透明のチャート（堆積岩）。

ひびだらけの砂岩（堆積岩）。白い部分に希塩酸を一滴たらすと発泡した。方解石だ。

大分川データ 水源：大分県由布市由布岳　流路全長：55㎞　河口：大分市を貫流して別府湾にそそぐ。

大分県 No.88 番匠川《ばんじょうがわ》佐伯《さいき》市《し》の川原

見どころ 石灰岩と溶結凝灰岩。

採集場所 佐伯市本匠風戸、白尾橋下の左岸の川原。

参考地図 20万分の1地勢図「大分」、2万5000分の1地形図「植松」

田園風景と清流がひとつになった、いかにも日本の川。上流域には砂岩や頁岩やチャートだけでなく石灰岩の地層がある。そのため、中下流の川原では石灰岩の石ころがよく目につく。同時に、阿蘇山からの溶結凝灰岩の石ころも見られ、変化に富んでいる。石ころ採集が楽しい川原だ。

←白尾橋。対岸の右手、灌木と笹薮のなかに川原に下りる道がある。

→白尾橋の下流方向の左岸の川原。遠くに山梨子橋が見える。

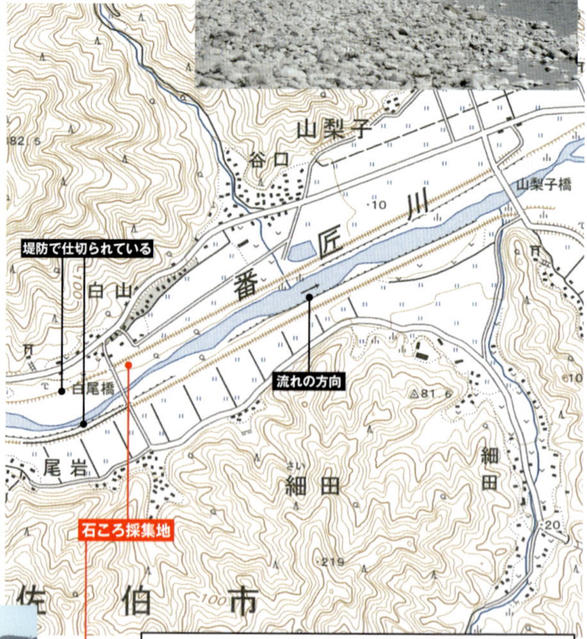

▲地形図に「砂礫地」の記号で記された川原でも、それは測量した時点でのこと。現在は、草木で覆われ石ころ採集ができない場所がある。地形図を手に、番匠川をさかのぼって山梨子橋と白尾橋の間でようやく石ころの川原を見つけた。(国土地理院発行2万5000分の1地形図「植松」平成20年更新)

↓白尾橋から上流。堤防で仕切られているが、川の水はそのなかで蛇行して流れ下る。

↓笹薮をぬけると広い川原に出る。

溶結凝灰岩（火成岩）（長径 51㎜）。黒っぽいガラスのほか、火山灰や礫がまじっている。

チャート（堆積岩）。見かけはプラスチックのよう。硬くて重い石ころだ。

チャート（堆積岩）。角ばっている。赤っぽい透き通るような石ころ。

砂岩（堆積岩）。石英の白い脈。砂粒も石英が多い。

白い糸で巻かれたような石灰岩（堆積岩）の石ころ。

礫岩（堆積岩）。四万十帯の地層を流れる川の川原でよく見られる。黒い礫は頁岩。

青っぽいぬめりがところどころについている蛇紋岩（変成岩）。表面はなめらか。

玄武岩（火成岩）。丸くみがかれているが、ガスのぬけた無数の穴が残っている。

番匠川データ 水源：佐伯市の三国峠　流路全長：38㎞　河口：佐伯市街をへて佐伯湾にそそぐ。

長崎県 No.89 島原半島《しまばらはんとう》千々石《ちぢわ》町《ちょう》・南島原《みなみしまばら》市《し》の海岸

見どころ 雲仙岳の火山活動でもたらされた安山岩など。

採集場所A 千々石町塩谷の海岸。 **採集場所B** 南島原市津波見の海岸。

参考地図 20万分の1地勢図「熊本」「八代」、2万5000分の1地形図「口之津」「愛野」

島原半島は雲仙岳それも普賢岳や平成新山を中心とした火山の半島である。火山は、現在も活動を続けている。口之津付近の海岸には400万年以上も前の玄武岩質の溶岩が流れ落ちていたり、平成新山付近にはまさに現在の溶岩や火砕流を観察することができるといったように、島原半島は火山噴出物の自然の博物館だ。自然とのかかわりを学び感じとることができる地域ということで、島原半島は「世界ジオパーク」に認定されている。

▼島原半島のどの海岸にも、雲仙岳からの安山岩や凝灰岩がころがっている。それは、半島の中心にある雲仙岳の火山活動によってもたらされたものだからだ。20万分の1地勢図で調べると、この関係がよくわかる。(国土地理院発行20万分の1地勢図「熊本」平成22年要部修正＋「八代」平成22年要部修正)

安山岩の石ころがころがる千々石町塩谷の海岸。遠方に、雲仙岳がかすんで見える。

→千々石展望台から千々石町塩谷の海岸を見下ろす。左手に千々石断層があるが、ここからでは断層地形がわかりづらい。

→1990年からの火山活動で、雲仙岳の最高峰となった平成新山(1482.7m)。火口から吹き出した溶岩が冷え固まったもの。

→島原半島の西海岸には、約150万年前の火山活動による安山岩の溶岩の地層や浸食された岩が見られる。両子岩《ふたごいわ》はそのひとつ。

千々石町塩谷の海岸では、さまざまな色と模様の安山岩類（火成岩）がころがっている。どの石ころも石基に斑晶をちりばめた典型的な火山岩だ。

砂岩（堆積岩）。ごく細かな砂粒でできている。

軽石（火成岩）。絹のような光沢。空隙が無数にあり、水に浮く。

チャート（堆積岩）。細かな割れ目がいくつも入っている硬い石ころ。

火山灰に小さな礫がまじった凝灰岩（堆積岩）。

手でさわるとざらついた感触の安山岩（火成岩）。

島原半島データ 九州の西南、有明海、島原湾、橘湾に囲まれた火山半島。

熊本県 No.90

白川《しらかわ》熊本市《くまもとし》・緑川《みどりかわ》甲佐町《こうさまち》の川原

見どころ 白川の黒っぽい石ころ、緑川の緑っぽい石ころ。

採集場所A 熊本市中央区大江、子飼橋上流100mの白川の左岸の川原。

採集場所B 甲佐町、乙女橋～田口橋間の緑川の左岸の川原。

参考地図 20万分の1地勢図「熊本」「八代」、2万5000分の1地形図「熊本」「御船」

熊本市では北側に白川、南側に緑川が東西に横切っている。白川の石ころ採集地Ａでは、上流域の阿蘇山の地質を反映して火山岩が多い。川原も黒っぽく見える。一方、緑川の石ころ採集地Ｂでは、堆積岩、火成岩、変成岩とさまざまな種類の石ころを採集できる。上流域の変化に富んだ地層が反映されている。

←子飼橋上流 100m の左岸の川原。灰色や黒っぽい石ころが多い。

→突きあたりが川原への下り口。子飼橋が見える。

↓緑川の乙女橋下流には広い川原がある。

↓緑川の田口橋上流の川原。ここから上流の乙女橋まで、ところどころに石ころの川原がある。

▲ 20 万分の 1 地勢図で白川と緑川の流路を調べると、水源と上流域は南北に大きく離れていることがわかる。さらに、20 万分 1 日本シームレス地質図で、それぞれの流路の地質を確かめれば、下流の川原でどのような石ころがひろえるか予想できる。（国土地理院発行 20 万分の 1 地勢図「熊本」平成 22 年要部修正）

白川の川原で、安山岩（火成岩）の石ころをならべた。色や結晶の大きさなどが石ころによって違いがあるのがおもしろい。A

まん丸いボールのような玄武岩（火成岩）。ガスがぬけた穴が残る。A

溶結凝灰岩（火成岩）。ところどころに黒っぽいガラス質の部分がある。A

花崗岩（火成岩）。珍しい三角形の花崗岩。こんな形にも割れるのだ。B

緑色岩（変成岩）。緑っぽい地に、白っぽい斜長石の結晶が入っている。B

溶結凝灰岩（火成岩）。ガラス質の礫がたくさんまじっている。B

やや褐色の透き通るような石灰岩（堆積岩）。B

緑色の割れたときそのままの形を残すチャート（堆積岩）。B

結晶片岩（変成岩）。平たく割れている。光にかざすときらりと光る部分は白雲母か。B

白川データ 白川の水源：阿蘇山の根子《ねこ》岳　流路全長：74㎞　河口：熊本市北側で島原湾にそそぐ。

緑川データ 緑川の水源：宮崎県と熊本県の境、向坂《さきさか》山　流路全長：74㎞　河口：熊本市南側で島原湾にそそぐ。

熊本県 No.91 天草下島苓北町《あまくさしもしまれいほくまち》の海岸

見どころ リソイダイトという白い石ころ。

採集場所 苓北町富岡、白岩崎の海岸。

参考地図 20万分の1地勢図「八代」、5万分の1地形図「口之津」

苓北町富岡の白岩崎には、この地の地層をつらぬいた流紋岩がむき出しになっている露頭があることで知られている。この流紋岩は、貫入したときの熱によって、石英や絹雲母という鉱物が多く含まれるリソイダイトという岩石になった。陶器の原料として、日本で最高の品質をほこる。

↑干潮になると、苓北町坂瀬川海岸に直径1.2mという大きな「おっぱい岩」が出現する。現地の案内板では、雲仙岳の噴火で飛んできた岩が波に洗われ、このような形になったという。何岩か調べなかったことが悔やまれる。

↓道の駅「有明」の前の海岸。石ころは陸側が小さく沖に向かってしだいに大きくなる。ここで真っ黒な「まぐろ石」を採取しよう。

▼苓北町富岡は、リソイダイトの露頭だけでなく、島と陸が砂州でつながったトンボロと沿岸流で運ばれた砂が積もった砂嘴が一ヵ所で見られる珍しい地形でも知られている。地形図で確かめよう。（国土地理院発行5万分の1地形図「口之津」平成15年要部修正）

↓苓北町富岡の白岩崎の海岸にむき出しになったリソイダイトの岩脈と石ころ。

斑晶を含まない流紋岩といわれるリソイダイト(火成岩)。この石ころには、長さ 10㎜ほどの黒っぽい電気石という鉱物の結晶が入っている。(石ころの長径 85㎜)

深い傷が残っている砂粒がそろった砂岩(堆積岩)。

ホルンフェルス(変成岩)。流紋岩のマグマが貫入したとき、その熱に触れて変成したものだろうか。

天草上島天草市、道の駅「有明」の前の海岸の石ころ。ここでは写真にあるような「まぐろ石」と呼ばれる真っ黒な堆積岩の石ころを採集しよう。

天草下島データ 熊本県天草諸島で最も大きな島。面積は574㎢。

宮崎県 No.92 耳川《みみかわ》日向市《ひゅうがし》の川原

見どころ 砂岩についた割れ目のなかの水晶。

採集場所 日向市美々津町、耳川大橋の上流500mの左岸の川原。

参考地図 20万分の1地勢図「延岡」、2万5000分の1地形図「山陰《やまかげ》」

流れの水がきれいなせいか、川原では泥がついていないきれいな石ころを採集できる。流域は、河口付近をのぞいてほとんどが起伏の複雑な山地。上流域の地質は秩父帯という砂岩、礫岩、チャートなどの堆積岩。中流域は四万十帯の砂岩や頁岩。そして下流域は流紋岩や安山岩。源流近くに変成岩の地層があるから、川原の結晶片岩や緑色岩はそこから運ばれたのだろうか。

←耳川大橋から500m上流に、川原に下りる道がある。

→下流の耳川大橋方向の川原。川原に菜の花が咲いている。根元の石ころはどれもきれいだ。

▼石ころ採集地は、河口からわずか3.5kmほど上流の川原。河口近くとは思えない山間の川原である。川の両側の等高線はその間隔がせまく、山が川にせまっていることがわかる。(国土地理院発行2万5000分の1地形図「山陰」平成18年更新)

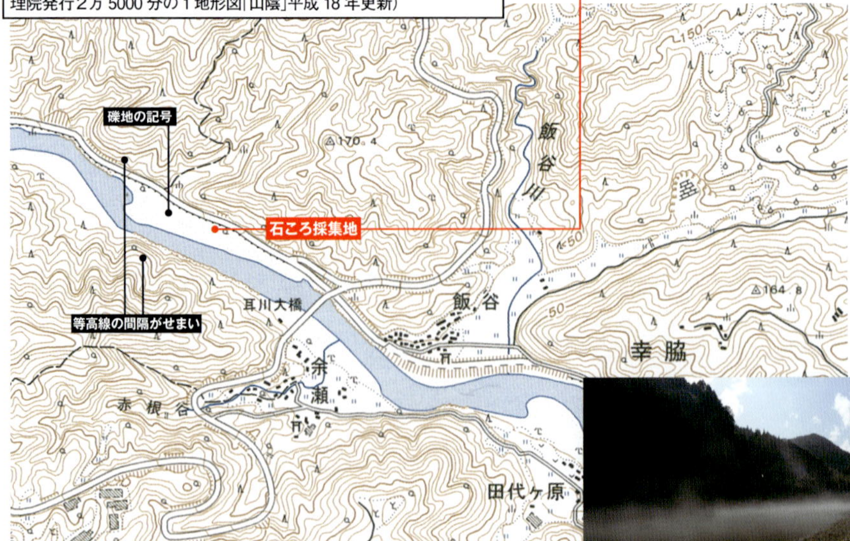

→3月のなかば、午前10時、川の水面に湯気がたっていた。川の水温が空気よりも高い場合に起こる一種の霧現象だ。

石英の筋が巻きついたような砂岩(堆積岩)。小さな割れ目に光るものがある。なんだろう。

割れ目のなかに水晶が！　どれも2㎜ほどだが、水晶の形をしている。

礫岩(堆積岩)。黒っぽい礫は頁岩のかけら。

紫っぽい灰色の石ころ。流紋岩(火成岩) だろうか。

緑色岩(変成岩)。緑泥石や石英の筋がごちゃまぜに入っている。

溶結凝灰岩(火成岩)。ガラス質の部分がところどころに見える。

チャート(堆積岩)。みがかれているが複雑な割れ目がたくさん残っている。

結晶片岩(変成岩)。水源の三方山の南に変成岩帯の地層がある。そこから運ばれたのか。

緑っぽい灰色の緑色岩(変成岩)小さなひび割れのなか緑色の鉱物が入っている。

耳川データ 水源：宮崎県椎葉村の三方山　流路全長：94.8km　河口：日向市で日向灘にそそぐ。

宮崎県 No.93

一ツ瀬川《ひとつせがわ》西都市《さいとし》の川原

見どころ 自然のみごとなパチワーク礫岩。

採集場所 西都市調殿《つきどの》、山角橋《やますみばし》上流100mの右岸の川原。

参考地図 20万分の1地勢図「延岡」、2万5000分の1地形図「妻」

一ツ瀬川の流域の地層の多くを占めるのが四万十層。川原の石ころも、砂岩、礫岩、チャートなどの堆積岩が多い。上流の西米良村付近には、流紋岩をはじめとする火山岩が岩脈として割り込んでいる。川の全長の約80％を山間部が占める。断層も多く、滝の数も多い。上流の落差75mの祇園の滝をはじめ、一ツ瀬川の多くの滝は硬い砂岩が板状に積み重なった地層でできている。

▼一ツ瀬川の山角橋からひとつ上流の下水流大橋の川沿いの地形に注目。左岸側は等高線が示すように入り組んだ険しい斜面。そして標高100mになるとほぼ平らな台地となる。水田側の堤防は二重になっている。(国土地理院発行２万 5000 分の１地形図「妻」平成 22 年更新)

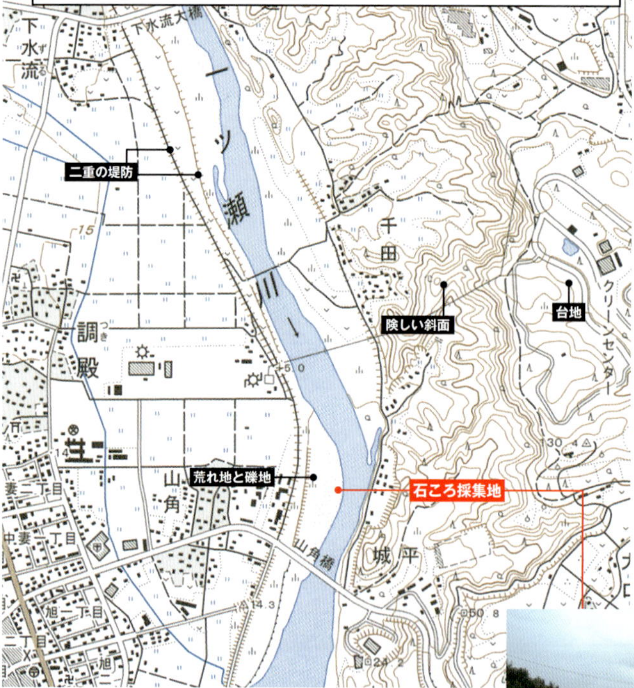

↓山角橋の右岸側。ここから川原に下りる。

↓橋の下から上流へ 100m ほどの川原へ向かう。

↓石ころ採集地の川原。手のひらにのる手頃な大きさの石ころがたくさんならんでいる。

→山角橋の下の川原。

さまざまな礫がパッチワークのようにつまった礫岩（堆積岩）。

礫岩（堆積岩）。流紋岩質の石ころのパッチワーク。

砂岩（堆積岩）。大きさのそろった砂粒と頁岩の礫が少しまじる。

凝灰岩（堆積岩）。火山灰に大小の砂粒が固まった石ころ。

砂岩（堆積岩）。細かな砂粒でできていて、白い石英の脈が走る。

白い糸でくるんだようなチャート（堆積岩）。

石英斑岩（火成岩）。半透明の石英の結晶がたくさん入っている。

緑っぽい灰色の緑色岩（変成岩）。緑の筋は緑泥石か。

うすい小判のような形の砂岩（堆積岩）。

一ツ瀬川データ　水源：九州山地、熊本県との県境の市房山周辺の山地　流路全長：91.3km
河口：新富町で日向灘にそそぐ。

鹿児島県 No.94

薩摩半島《さつまはんとう》野間岬《のまみさき》・長崎鼻《ながさきばな》・田良岬《たらみさき》の海岸

見どころ	薩摩半島３つの岬の石ころ。
採集場所A	南さつま市笠沙町片浦の海岸（野間岬）。
採集場所B	指宿市山川《やまがわ》岡児《おかちよ》ケ《が》水《みず》の海岸（長崎鼻）。
採集場所C	指宿市東方《ひがしかた》の海岸（田良岬《たらみさき》、知林ヶ島《ちりんがしま》）。
参考地図	20万分の1地勢図「鹿児島」「開聞岳」、2万5000分の1地形図「野間岬」「開聞岳」「二月田」

薩摩半島の３つの岬の海岸の石ころを訪ねよう。とてつもなく大きな噴火で火砕流がくりかえされてできたシラス台地だけでなく、はるか昔のマグマの活動を教えてくれる岬を訪ねよう。どんな石ころが採集できるだろうか。

A 野間岬は、約1500万年から700万年前の花崗岩の地層。先端には約5億年前から約４億年前の変成岩の地質も。

B 長崎鼻は、約170万年から70万年前の安山岩を代表する火山岩の地層。

C 田良岬背後の魚見岳は、約170万年から70万年前に噴火した火山の岩石。

←野間池の南側の海岸。花崗岩の岩がむき出しになっている。後方に見えるのが、薩摩半島の西端の野間岬。

↑野間池の南側の海岸には、大きな岩がならぶ。野間岬寄りの石ころの浜に行く。

▲石ころ採集地Ｃの田良岬と知林ヶ島は干潮になると陸続きとなる。このチャンスに田良岬の先端で石ころを採集する。

←長崎鼻の灯台下の岩場。どれも安山岩だ。

↓干潮時に地林ヶ島と陸続きになる。潮が引いたあと砂のあとにリップルマーク（漣痕）が残されている。

石英斑岩（火成岩）。細粒の灰緑色の石基中に大きな斜長石の斑晶。A

赤茶けた石基に斑晶がちりばめられた安山岩（火成岩）。A

花崗岩（火成岩）。粒の大きさがそろった白っぽい鉱物に黒っぽい雲母が少し。A

火山灰に小さな礫がまじった凝灰岩（堆積岩）。A

礫岩（堆積岩）。流紋岩質の大小の礫の粒が固まってできている。A

透き通るような美しさ。珊瑚の石ころとして大切にしたい。A

赤茶けた石基の安山岩（火成岩）。長崎鼻付近でよく見られる石ころ。B

タコのいぼのような丸い粒がついた流紋岩（火成岩）。B

軽石（火成岩）。文字どおり軽い石。水に浮く。B

流れ模様のついた紫がかった灰色の流紋岩（火成岩）。C

風に飛ばされてころがっていた軽石（火成岩）。C

安山岩（火成岩）。ちっちゃな石ころでも火山活動の激しさを伝える。C

薩摩半島データ 九州の西南端、鹿児島湾をはさんで大隅半島と向かい合う。野間岬から南へ枕崎まではリアス式海岸。

沖縄県 No.95

沖縄島《おきなわじま》恩納村《おんなそん》・東村《ひがしそん》と石垣島《いしがきじま》米原《よねはら》の海岸

見どころ 珊瑚礁の島々の火成岩と変成岩。

採集場所A 沖縄島恩納村名嘉真《なかま》の海岸。　**採集場所B** 沖縄島東村慶佐次《げさし》の海岸。

採集場所C 石垣島石垣市米原の海岸。

参考地図 20万分の1地勢図「那覇」「石垣島」、2万5000分の1地形図「国頭平良」「名護南部」「川平《かびら》」

地図帳を見てみよう。沖縄島と石垣島は「南西諸島」の項目に入っている。九州の南から台湾まで、大小の島々が弓なりに連なっている。沖縄県は沖縄島から南を占める島々からなる。美しい珊瑚礁の海で囲まれている。沖縄の岩石というと石灰岩を思い浮かべるが、火成岩や変成岩にも出会える。沖縄島では2億5000万年以上も前の地層が、石垣島では1億年以上も前の地層が見られる。

←名護湾に面した沖縄島恩納村名嘉真の海岸。砂浜や岩の間にきれいにみがかれた石ころがひろえる。名護湾の対岸の崎本部の海岸にはチャートの岩があるが、名嘉真の海岸ではチャートの石ころはひろえなかった。

↑石垣島石垣市米原の海岸。この島は火成岩や変成岩でできている。海岸では、凝灰角礫岩の岩礁も見られる。

↑沖縄島東村慶佐次の海岸。砂浜には、珊瑚のかけらにまじってさまざまな小石がころがっている。なお、東村の慶佐次川の河口はマングローブで知られる。

▲沖縄島と石垣島の3ヵ所の石ころ採集地点を紹介しよう。

石英斑岩（火成岩）。斜長石の白い結晶が入っている。風化で赤く酸化している。A

石灰岩（堆積岩）。灰色の地に白っぽい粉をまぶしたようだ。A

白い糸で巻かれたような砂岩（堆積岩）。A

礫岩（堆積岩）。石灰岩や珊瑚のかけらなどが固まった石ころ。A

千枚岩（変成岩）。うすい層が積み重なった石ころ。ハンマーで叩くとぺらぺらとはがれる。A

結晶片岩（変成岩）。何層もがぐんにゃりと曲がっている。白い層は石英。A

ひびだらけの砂岩（堆積岩）。白い脈は方解石。希塩酸で発泡した。B

石灰岩（堆積岩）だろうか。希塩酸で発泡する。うすい層が重なっている。B

石ころのようにみがかれた珊瑚。B

礫岩（堆積岩）。砂岩や石灰岩などの大小の粒が固まっている。C

凝灰岩（堆積岩）。ほとんどが火山灰でできている。C

流紋岩（火成岩）。紫色がかった灰色。流れ模様がついている。C

沖縄県データ▶日本の最西端にあり、160もの島々からなる。日本で唯一亜熱帯地域に属する。

付録01 石ころの種類と名前を知るキーワード

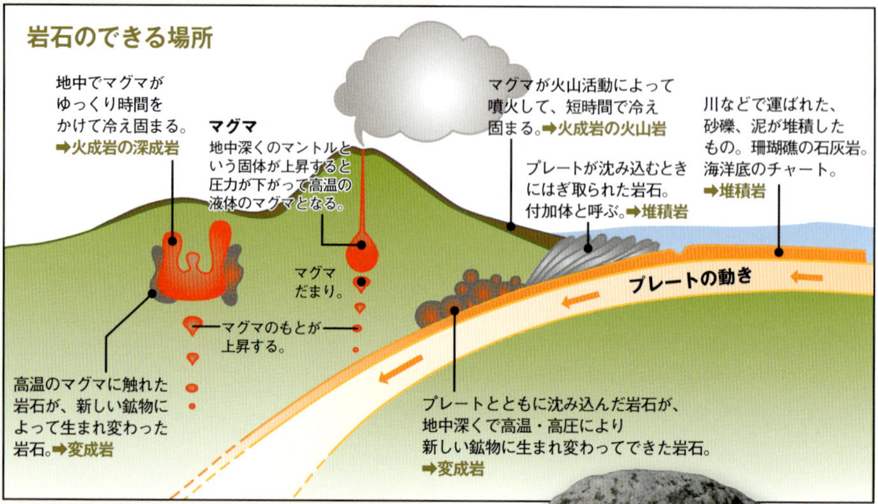
岩石のできる場所
地中でマグマが
ゆっくり時間を
かけて冷え固まる。
➡火成岩の深成岩
マグマ
地中深くのマントルという固体が上昇すると
圧力が下がって高温の
液体のマグマとなる。
マグマだまり。
マグマのもとが上昇する。
高温のマグマに触れた
岩石が、新しい鉱物に
よって生まれ変わった
岩石。➡変成岩
マグマが火山活動によって
噴火して、短時間で冷え
固まる。➡火成岩の火山岩
プレートが沈み込むとき
にはぎ取られた岩石。
付加体と呼ぶ。➡堆積岩
川などで運ばれた、
砂礫、泥が堆積した
もの。珊瑚礁の石灰岩。
海洋底のチャート。
➡堆積岩
プレートの動き
プレートとともに沈み込んだ岩石が、
地中深くで高温・高圧により
新しい鉱物に生まれ変わってできた岩石。
➡変成岩

❶岩石のできる場所

川原や海岸にころがっている石ころの正体はなんだろう。実は、どの石ころも、岩石の種類でいうと「火成岩」「堆積岩」「変成岩」の3種類のどれかにあてはまる。この3種類の岩石は、どこでできたか、どのようにしてできたか、　それぞれまるで違う。岩石のできる場所を上の略図で見てみよう。

「火成岩」「堆積岩」「変成岩」の代表的な石ころをならべた。でき方だけでなく、見かけも違う。どこがどう違うかくらべてみよう。

火成岩の花崗岩(広島県・太田川)

堆積岩の砂岩(滋賀県・安曇川)

変成岩の結晶片岩(愛媛県・加茂川)

❷火成岩の特徴と種類

マグマが固まった岩石が火成岩。同じ火成岩でも、できる場所やでき方によって、見かけの違う岩石となる。火成岩は、深成岩と火山岩に分類される。

深成岩：地下深くでゆっくりと冷え固まってできた岩石。

火山岩：噴火などで短時間に冷え固まった岩石。

このふたつの分類とともに、二酸化珪素（SiO_2）を多く含む白っぽい岩石から、比較的に少ない黒っぽい岩石までさまざまな岩石があり、それぞれに名前がつけられている。下の図を見ればわかるとおり、流紋岩と安山岩の境目にあるような岩石もできるし、安山岩と閃緑岩の中間の岩石もできる。

代表的な6種類の火成岩が、白っぽい鉱物（無色鉱物）と黒っぽい鉱物（有色鉱物）をどのような割合で含んでいるか見てみよう。

火山岩の玄武岩は、黒っぽい岩石。冷え固まるときのガスぬけの穴が残る。（神奈川県・酒匂川）

火山岩の安山岩は、細かな粒の石基と大きな粒の斑晶からできている。（北海道・十勝川）

火山岩の流紋岩は、白っぽい鉱物が多い。流れ模様がある。（岐阜県・木曽川）

深成岩の斑れい岩は、黒っぽい鉱物に白っぽい鉱物がまじった絣模様。（山形県・温海の海岸）

深成岩の閃緑岩は、おにぎりにふりかけのりをまぶしたような岩石。（静岡県・三保松原海岸）

深成岩の花崗岩は、白っぽく結晶の粒がどれも大きさがそろっている。（香川県・小豆島の海岸）

火成岩の分類

		塩基性岩	中性岩	酸性岩
斑状組織	火山岩	玄武岩	安山岩	流紋岩
等粒状組織	深成岩	斑れい岩	閃緑岩	花崗岩
色調		黒っぽい	← →	白っぽい

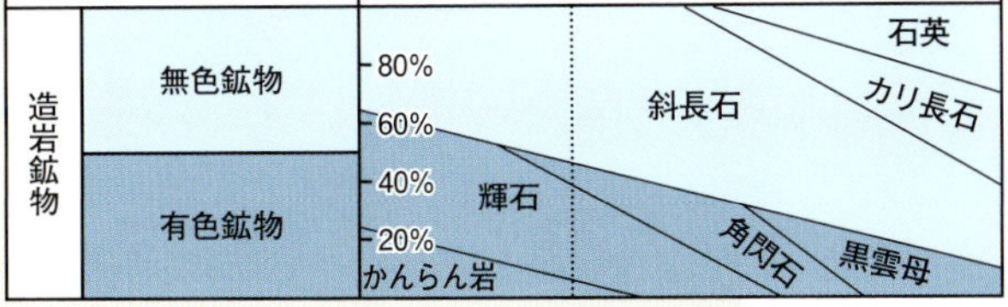

❸堆積岩の見分け方

堆積岩は、海底や湖底、沼地などに運ばれた泥、砂、岩片などが長い時間をかけて堆積して固まった岩石。プレートにのって運ばれてきた砂岩、泥岩、石灰岩、チャートなどが、プレートの沈み込む場所ではぎ取られ積み重なってできた岩石も堆積岩。これは付加体と呼ばれる(p200の「岩石のできる場所」を参照)。

泥岩は、小麦粉くらいの細かな粒（16分の1㎜以下）の粘土が固まった岩石。
(岩手県・鵜住居川)

頁岩は、泥岩がさらに圧力を加えられ硬さを増した岩石。
(栃木県・鬼怒川)

礫岩は、礫（2㎜以上）が堆積して固まった岩石。礫と礫の間には、粘土や石英の粒が入り固めていることが多い。
(静岡県・大井川)

粘板岩は、頁岩がさらに圧力を受け、板のように割れやすくなった岩石。
(新潟県・信濃川)

砂岩は、砂粒（2㎜〜16分の1㎜）が集まって固まった岩石。ルーペで見ると、石英の砂粒が多く見られる。
(山梨県・富士川)

石灰岩は、珊瑚など炭酸カルシウムの殻をもつ生物の死がいが海底に積もって固まった岩石。方解石という鉱物でできていて、希塩酸を1滴たらすと発泡する。
(徳島県・吉野川)

凝灰岩は、火山灰（2㎜以下の粒）が固まった岩石。緑色がかった灰色のものが多い。
(神奈川県・相模川)

プランクトンの骨格は、シリカと呼ばれる珪酸でできている。チャートは、この死がいが海底に積もって固まった岩石。カッターの刃では傷がつかない硬い岩石。
(東京都・多摩川)

❹変成岩の見分け方

変成岩というのは、火成岩や堆積岩がもとととは違った鉱物をもった岩石に生まれ変わったもの。そのでき方によって、大きく3つに分けられる（p200の「岩石のできる場所」を参照）。

1.広域変成岩：
火成岩や堆積岩が地中深くで高熱や高い圧力をうけて押し込まれ、新しい鉱物をもって生まれ変わった岩石。

2.接触変成岩：
地中深くからマグマが地中を上ってきたときに、このマグマの高熱に接触して、新しい鉱物をもって生まれ変わった岩石。

3.水の作用による変成岩：
火成岩のかんらん岩が、水の作用で新しい鉱物をもって生まれ変わった岩石。

広域変成岩の結晶片岩
地中のどれくらいの深さで、どれくらいの熱と圧力が加えられたかによって、さまざまな結晶片岩ができる。これは、紅れん石という鉱物がたくさん含まれているので、紅れん石片岩と呼ばれる。（愛媛県・加茂川）

広域変成岩の片麻岩
結晶片岩よりもさらに高熱・高温を加えられてできた岩石。これは、白っぽい鉱物と黒っぽい鉱物が縞状にならんでいる。（北海道・様似町の海岸）

接触変成岩のホルンフェルス
地中でマグマの高熱に触れ、焼けて生まれ変わった岩石。（北海道・石狩川）

水の作用による変成岩の蛇紋岩
かんらん岩に含まれる鉱物が、水の作用で蛇紋石という鉱物に変えられた岩石。（静岡県・三保松原海岸）

接触変成岩の結晶質石灰岩
石灰岩が地中でマグマの高熱に触れ、焼けて生まれ変わった岩石。大理石と呼ばれる。（神奈川県・河内川）

広域変成岩の千枚岩
泥岩は地中で高圧力のもとに置かれると頁岩という硬い岩石になる。さらに圧力をうけると、板状に割れやすい粘板岩となる。これがうすく平らに割れやすくなると、変成岩の千枚岩となる。（新潟県・信濃川）

付録02 石ころ採集のための地形図と地質図

まず、国土地理院発行の地図。石ころ採集地を見つけるためには、日本全国を網羅している2万5000分の1地形図と5万分の1地形図がよい。広範囲の地形を調べるには20万分の1地勢図がある。

地形図を買い求める前に、必要な地域の地形図を調べるには、国土地理院のホームページの「ウォッちず」(http://watchizu.gsi.go.jp/) が便利。電子版で日本全国をくまなく閲覧することができる。閲覧の手順は下記のとおり。

①地図閲覧サービスの画面が出たら、
検索画面 をクリック。
② **検索方法** を選ぶ画面が出る。
索引図による検索を選ぶ。
③ 20 万分の 1 地勢図名で検索図が表示される。
2 万 5000 分の 1 地形図の見たい図をクリック。
④拡大図が出る。見たい場所にスクロール。

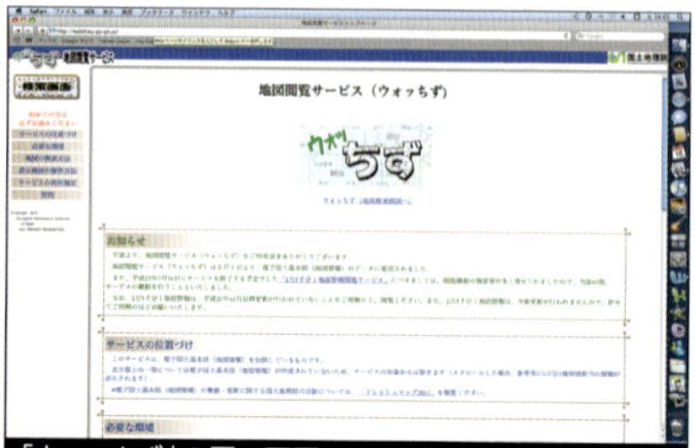

「ウォッちず」の扉の画面。

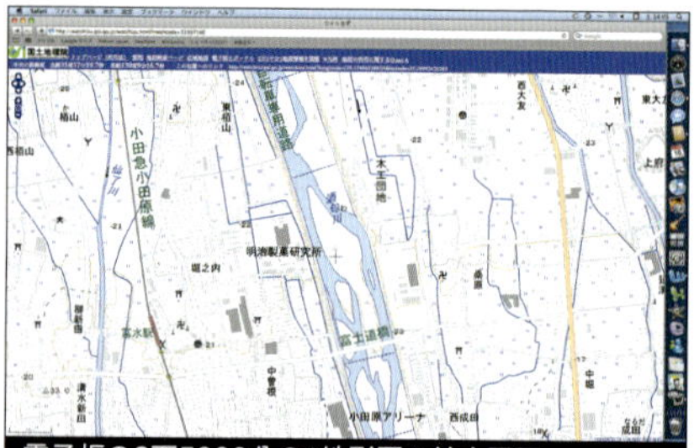

電子板の2万5000分の1地形図の拡大画面。

一方、川の上流域や源流にはどんな地質があるのか調べるのには、産業技術総合研究所地質調査総合センターのホームページの「20万分の1日本シームレス地質図」(https://gbank.gsj.jp/seamless/) が便利。電子版で、地形図と同様に日本全土の地質図を閲覧することができる。

①画面左上の **地質図を表示** をクリック。
②最初は、日本列島の地質全図の画面が出る。
③見たい場所にスクロールして、
画面をダブルクリックして拡大する。
④調べたい場所にマーカーをあてて
クリックすると、地質の解説が表示される。

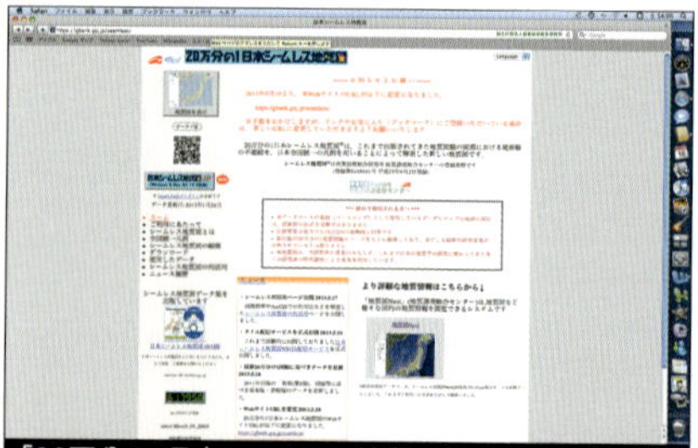

「20万分の1日本シームレス地質図」の扉画面。

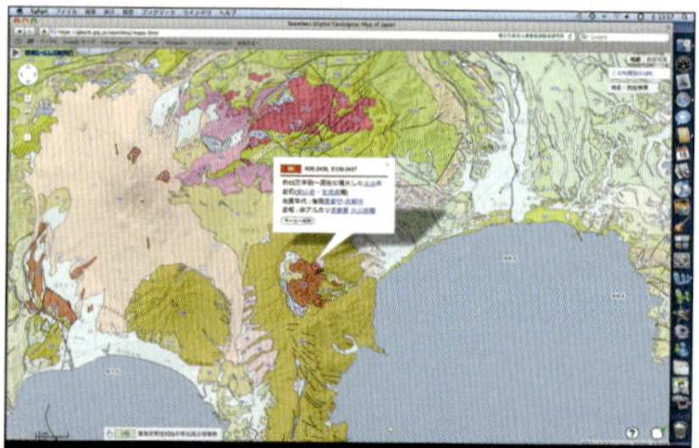
マーカーをあてるとその地域の地質の解説文が表示。別の場所の地質を知りたい場合は、<マーカー削除>をクリックして、知りたい場所にマーカーをあててダブルクリックすればよい。

付録03 博物館・参考書

　石ころについて調べるために便利な博物館は下記のとおり。いずれの博物館にも、地学分野の学芸員が配置されていて、来館者からの質問に答えてくれる。

旭川市博物館
〒070-8003 北海道旭川市神楽3条7丁目　☎0166-69-2004

日高山脈博物館
〒055-2301 北海道沙流郡日高町本町東1丁目297-12　☎01457-6-9033

岩手県立博物館
〒020-0102 岩手県盛岡市上田字松屋敷34　☎019-661-2831

秋田大学附属鉱業博物館
〒010-8502 秋田県秋田市手形字大沢28-2　☎018-889-2461

東北大学総合学術博物館・自然史標本館
〒980-8578 宮城県仙台市青葉区荒巻字青葉6-3　☎022-795-6767

福島県立博物館
〒965-0807 福島県会津若松市城東町1-25　☎0242-28-6000

産業技術総合研究所地質標本館
〒305-8567 茨城県つくば市東1-1-1　☎029-861-3750

埼玉県立自然の博物館
〒369-1305 埼玉県秩父郡長瀞町長瀞1417-1　☎0494-66-0404

千葉県立中央博物館
〒260-8682 千葉県千葉市中央区青葉町955-2　☎043-265-3111

国立科学博物館
〒110-8718 東京都台東区上野公園7-20　☎03-5777-8600

平塚市博物館
〒254-0041 神奈川県平塚市浅間町12-41　☎0463-33-5111

神奈川県立生命の星・地球博物館
〒250-0031 神奈川県小田原市入生田499　☎0465-21-1515

長岡市立科学博物館
〒940-0072 新潟県長岡市柳原町2-1　☎0258-32-0546

フォッサマグナミュージアム
〒941-0056 新潟県糸魚川市一ノ宮1313美山公園　☎025-553-1880

福井県立恐竜博物館
〒911-8601 福井県勝山市村岡町寺尾51-11　☎0779-88-0001

大鹿村中央構造線博物館
〒399-3502 長野県下伊那郡大鹿村大河原988　☎0265-39-2205

日本最古の石博物館
〒509-0403 岐阜県加茂郡七宗町中麻生1160　☎0574-48-2600

瑞浪市化石博物館
〒509-6132 岐阜県瑞浪市明世町山野内1-13　☎0572-68-7710

鳳来寺山自然科学博物館
〒441-1944 愛知県新城市門谷字森脇6　☎0536-35-1001

益富地学会館
〒602-8012 京都府京都市上京区出水通り烏丸西入ル　☎075-441-3280

兵庫県立人と自然の博物館
〒669-1546 兵庫県三田市弥生が丘6　☎079-559-2001

鳥取県立博物館附属 山陰海岸学習館
〒681-0001 鳥取県岩美郡岩美町牧谷1794-4　☎0857-73-1445

美祢市化石館
〒759-2212 山口県美祢市大嶺町東分315-12　☎0837-52-5474

愛媛県総合科学博物館
〒792-0060 愛媛県新居浜市大生院2133-2　☎0897-40-4100

佐川町立佐川地質館
〒789-1201 高知県高岡郡佐川町甲360　☎0889-22-5500

北九州市立いのちのたび博物館
〒805-0071 福岡県北九州市八幡東区東田2-4-1　☎093-681-1011

阿蘇火山博物館
〒869-2232 熊本県阿蘇市赤水1930-1　☎0967-34-2111

沖縄県立博物館
〒900-0006 沖縄県那覇市おもろまち3-1-1　☎098-941-8200

石ころ採集にあたっては、日本各地の博物館やそれぞれの地域で出されている書籍が大変役に立った。そのいくつかを紹介しよう。

戸苅賢二・土屋篁共著『北海道の石』
（北海道大学出版会）

『図説 福島の岩石』（福島県立博物館）

『石ころのふるさと 相模川・酒匂川編』
（平塚市博物館）

「荒川の石」編集委員会『川原の石のしらべ方 荒川の石』
（地学団体研究会）

『ガイドブック 信濃川』（長岡市立科学博物館）

『よくわかる フォッサマグナとひすい』
（フォッサマグナミュージアム）

『川原の小石図鑑 肱川流域』
（愛媛県立博物館・愛媛自然科学教室）

なお、図鑑としては右記の２冊が参考になる。

益富壽之助著『原色岩石図鑑』（保育社）

豊遥秋・青木正博共著『検索入門 鉱物・岩石』
（築地書館）

さらに右の２つのシリーズは、各地のフィールドを訪ねるためのガイド書。どちらのシリーズも全県の刊行が待たれる。

『県別〈日曜の地学シリーズ〉』（築地書館）

『県別〈地学のガイドシリーズ〉』（コロナ社）

あとがき

この本で紹介した川原や海岸に出かけ、それぞれ標本箱の石ころを「自然の石ころ図鑑＝川原と海岸の石ころ」のなかから探しあてることができただろうか。お目当ての石ころを夢中になって探していると、石ころからも声をかけてくれるようになる。そして、標本箱で紹介した石ころのほかにも、さまざまな石ころがあることに気がつく。

石ころの正体を知りたかったら、まず、集めた石ころを色、形、模様、手触りで分けてみることだ。色や模様の違いがはっきりとわからないときには、右手と左手に石ころを持って、ふたつをくっつけて見るとよい。石ころと、ああでもないこうでもないと接しているうちに、それぞれの違いがはっきりとわかってくるようになる。疑問もわいてくる。これがおもしろい。

この本で紹介した川原や海岸は、地形図や地質図を見ながら、行ってみたいなと思うところを選んだ。実はこの作業は、心ときめく楽しい時間だった。また、渡良瀬川の桜石や相模川上流の桂川の石ころについては鉱物学者の加藤昭先生に、青森県の津軽半島の錦石については氷河地形研究者の故五百澤智也先生に、能登半島の七尾市の海岸の火砕岩については貝化石の研究者の野村正純先生から、貴重な情報をいただいた。またこれにとどまらず、どこでどのような石ころが採集できるか、多くの方々からの貴重な情報や助言をいただいた。

石ころをきっかけに、大地のことに興味がわいてきたらしめたもの。たとえば、次にあげるような本を参考に、大地への好奇心をさらにふくらませるのはどうだろうか。

川原の石ころから日本列島の生い立ちを知りたいと思ったら、千葉とき子・斎藤靖二著『かわらの小石の図鑑』（東海大学出版会）がある。

石ころの向こうにある大地のしくみを知りたかったら、小出良幸著『早わかり地球と宇宙』（日本実業出版社）が簡潔に解説してくれている。

さらに岩石をきっかけに自然学というのはどのような発想とアプローチがあるのか知りたかったら、小泉武栄著『日本の山はなぜ美しい』（古今書院）があり、フィールドワークの楽しさを伝えてくれる。

石ころに目をやることは、自由に広大な大地に分け入る第一歩と考えるのはおおげさだろうか。

なお本書は、雑誌『子供の科学』（誠文堂新光社）で連載した「地形図で訪ねよう川原の石ころ」（2010年4月号～2011年3月号掲載）、「地形図で石ころ探検に出かけよう」（2011年4月号～2013年3月号）で取り上げた川原や海岸の石ころがもとになっている。これに加え、日本各地、新たに訪れた川原や海岸の石ころも本書では紹介した。最後になるが、連載開始から本書の完成まで編集担当の黒田麻紀さん、本書のデザインの代々木デザイン事務所、編集協力の戸村悦子さんのご尽力に、心から感謝を申し上げたい。

【著者プロフィール】 渡辺《わたなべ》一《かず》夫《お》

1941-2018年、東京生まれ。青山学院大学卒業。1979年、出版社勤務後、フリーの編集ライター。高校時代、川で釣りをしているうちに石ころに興味をもつ。日本全国を歩き、川原や海辺、山の石ころを集めている。著書に『石ころ採集ウォーキングガイド』『集めて調べる川原の石ころ』『採集して観察する海岸の石ころ』『地図の「読み方」術』『地形図の読み方・歩き方』(誠文堂新光社)、『トコトコ登山電車』(あかね書房)、『川をのぼろう石のふるさとさがし』(大日本図書)、『わかったぞ! おいしい水のひみつ』(アリス館)、『川原の石ころ図鑑』『石ころがうまれた』(ポプラ社)など。

カバー・本文デザイン
代々木デザイン事務所
編集協力
戸村悦子

本書に掲載した地図は、国土地理院長の承認を得て、同院発行の20万分の1地勢図、5万分の1地形図及び2万5000分の1地形図を複製したものである。(承認番号　平25情複、第118号)

日本《にほん》の石《いし》ころ標本箱《ひょうほんばこ》

川原《かわら》・海辺《うみべ》・山《やま》の石《いし》ころ採集《さいしゅう》ポイントがわかる

NDC 450

2013年6月30日　発　行
2023年3月 1 日　7　刷

著　者　渡辺《わたなべ》一《かず》夫《お》
発行者　小川雄一
発行所　株式会社誠文堂新光社
〒113-0033　東京都文京区本郷 3-3-11
電話 03-5800-5780
URL https://www.seibundo-shinkosha.net/
印刷所　株式会社大熊整美堂
製本所　和光堂株式会社

ISBN978-4-416-11329-5